建筑工程数字建造经典工艺指南
【室内装修、机电安装
（地上部分）1】

《建筑工程数字建造经典工艺指南》编委会　主编

中国建筑工业出版社

图书在版编目（CIP）数据

建筑工程数字建造经典工艺指南. 室内装修、机电安
装. 地上部分. 1 /《建筑工程数字建造经典工艺指南》
编委会主编. — 北京：中国建筑工业出版社，2023.4
ISBN 978-7-112-28247-0

Ⅰ. ①建… Ⅱ. ①建… Ⅲ. ①数字技术-应用-室内
装修-指南②数字技术-应用-机电设备-建筑安装工程
-指南 Ⅳ. ①TU7-39

中国版本图书馆 CIP 数据核字（2022）第 240781 号

本书由中国建筑业协会组织全国 70 余家大型企业、100 多位鲁班奖评审专家
共同编写，对建筑工程室内装修、机电安装（地上部分）从质量要求、工艺流程、
精品要点等全过程进行编写，并配以详细的 BIM 图片，图片清晰，说明性强。本
书对于建设高质量工程、建筑工程数字建造等有很高的参考价值，对于企业申报
鲁班奖、国家优质工程等有重要的指导意义。

责任编辑：高　悦　张　磊
责任校对：张　颖

建筑工程数字建造经典工艺指南
【室内装修、机电安装
（地上部分）1】
《建筑工程数字建造经典工艺指南》编委会　主编
*
中国建筑工业出版社出版、发行（北京海淀三里河路 9 号）
各地新华书店、建筑书店经销
北京鸿文瀚海文化传媒有限公司制版
临西县阅读时光印刷有限公司印刷
*
开本：787 毫米×1092 毫米　1/16　印张：12¼　字数：303 千字
2023 年 4 月第一版　　2023 年 4 月第一次印刷
定价：86.00 元
ISBN 978-7-112-28247-0
（40222）

本书指导委员会

主　任：齐　骥

副主任：吴慧娟　刘锦章　朱正举

本书主要编制人员

景　万	冯　跃	赵正嘉	贾安乐	张晋勋	陈　浩
杨健康	高秋利	安占法	刘洪亮	秦夏强	邢庆毅
杨　煜	张　静	邓文龙	钱增志	王爱勋	吴碧桥
薛　刚	蒋金生	刘明生	李　娟	刘爱玲	温　军
孙肖琦	李思琦	车群转	陈惠宇	贺广利	刘润林
尹振宗	张广志	刘　涛	张春福	罗　保	马荣全
熊晓明	张选兵	要明明	刘　宏	林建南	胡安春
孟庆礼	王　喆	王巧利	王建林	赵　才	邓　斌
颜钢文	李长勇	李　维	肖志宏	石　拓	田　来
胡　笳	胡宝明	廖科成	梅晓丽	彭志勇	王　毅
薄跃彬	陈道广	陈晓明	陈　笑	崔　洁	单立峰
胡延红	卢立香	唐永讯	苏冠男	董玉磊	邹杰宗
王　成	刘永奇	李　翔	张　驰	张贵铭	周　泉
孟　静	张　旭	包志钧	胡　骏	孙宇波	王振东
岳　锟	王竟千	薛永辉	周进兵	王文玮	付应兵
迟白冰	窦红鑫	富　华	赵　虎	李晓朋	王　清
李乐荔	赵得铭	王　鑫	杨　丹	罗　放	李　涛
隋伟旭	赵文龙	任淑梅	雷　周	刘耀东	张　悦
张彦克	洪志翔	李　超	周　超	周晓枫	许海岩
高晓华	李红喜	刘兴然	杨　超	李鹏慧	甄志禄
岳明华	龙俨然	胡湘龙	肖　薇	余　昊	蒋梓明
冯　淼	李文杰	柳长谊	王　雄	唐　军	谢　奎
刘建明	任　远	田文慧	李照祺	张成元	许圣洁
万颖昌	李俊慷	高　龙			

本书主要编制单位

中国建筑业协会

中建协兴国际工程咨询有限公司

湖南建设投资集团有限责任公司

北京建工集团有限责任公司

北京城建集团有限责任公司

中国建筑一局（集团）有限公司

中国建筑第三工程局有限公司

中国建筑第八工程局有限公司

中铁建工集团有限公司

中铁建设集团有限公司

陕西建工集团股份有限公司

上海建工集团股份有限公司

上海宝冶集团有限公司

中国二十冶集团有限公司

三一重工股份有限公司

云南省建设投资控股集团有限公司

武汉建工（集团）有限公司

广东省建筑工程集团有限公司

河北建设集团股份有限公司

河北建工集团有限责任公司

天津市建工集团（控股）有限公司

广西建工集团有限责任公司

山西建筑工程集团有限公司

江苏省华建建设股份有限公司

兴泰建设集团有限公司

中天建设集团有限公司

北京住总集团有限责任公司

中建一局集团安装工程有限公司

北京六建集团有限责任公司

北京市设备安装工程集团有限公司

南通安装集团股份有限公司

济南四建（集团）有限责任公司

山东天齐置业集团股份有限公司

成都建工集团有限公司

江西昌南建设集团有限公司

河南省土木建筑学会总工程师工作委员会

成都市土木建筑学会

中湘智能建造有限公司

前　言

　　建筑业作为国民经济支柱产业，在推动我国经济社会持续健康发展中发挥着重要作用。经过 30 多年的快速发展，我国建筑业的建设规模、技术装备水平、建造能力取得了长足的进步，一座座彰显时代特征的建筑物应运而生，在中华大地熠熠生辉、绽放光彩。但我国建筑业"大而不强、细而不专"的局面依然存在，主要表现在机械化程度不高，精细化、标准化、信息化、专业化、智能化、一体化程度偏低，能够推动行业有序发展的供应链、价值链体系尚未建立。

　　如何实现我国建筑业绿色低碳、高质量发展，从"建造大国"发展为"建造强国"，建筑业与信息技术的有机融合是推动建筑业可持续发展的重要驱动力。建筑业应以大数据为生产资料，以云计算、人工智能为第一生产力，以互联网、物联网、区块链为新型生产关系，以"软件定义"为新型生产方式，重构建筑业组织模式，将生产要素、管理流程、建造技术、决策机制、检测结果等数字化，基于数据形成算法，用算法优化决策机制，提升资源配置效率，成为建筑产业创新和转型的重要引擎。

　　为助力建筑企业数字化转型，提升全员的质量意识、管理水平、建造能力和工程品质，推动行业高质量发展，中国建筑业协会、中建协兴国际工程咨询有限公司组织行业多位知名专家会同湖南建工、北京建工、中铁建设、陕西建工、上海建工、北京城建、中建一局、中建三局、中建八局等 70 余家企业、100 余名专家共同编制了本套书。

　　本套书以现行的标准规范为纲，以"按部位、全专业、突出先进、彰显经典"为编写原则，系统收集、整理了行业先进企业在创建优质工程过程中的先进做法、典型经验，引领广大读者通过深化设计、数字模拟、方案优化、样板甄选、精细度量、物模联动等方式，逐步形成系统思维，全专业策划、全过程管控、实时校验和持续提升的创优机制。根据房屋建筑的专业特点和创建优质工程要点，本套书共分为六个分册：地基、基础、主体结构；屋面、外檐；室内装修、机电安装（地上部分）1；室内装修、机电安装（地上部分）2；室内装修、机电安装（地上部分）3；室内装修、机电安装（地下部分）。通过图文并茂的方式，系统描述各部位或关键节点的外观特性、细部做法和相应的标准规范规定（部分条文摘录时有提炼和编辑）；突出了深化设计、专业协同、质量问题预防措施和工艺做法，创建了 490 多个 BIM 模型创优标准化数据族库。

　　由于时间紧迫，本套书只收集了部分建筑企业的工艺案例，书中难免有一些不足之处，敬请广大读者提出宝贵意见，以便我们做进一步的修订和完善。

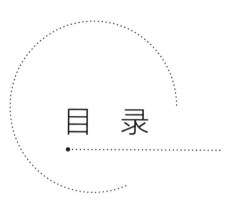

目 录

第1章

避难层设备房

1.1 一般规定

（1）楼层内风机房、避难层设备房包括通风机房、给水泵房、消防泵房、制冷机房、高低压电房等。

（2）设备机房应整体排布合理、规划整齐、协调美观。

（3）设备减振降噪措施完备，安装规范、固定牢固、运行平稳；设备运转正常，无跑冒滴漏现象。动设备外露可导电部分必须与保护导体可靠连接。

（4）设备、机电管线标识清晰、位置醒目、高度一致、箭头方向和颜色使用正确。

（5）管线应按照整齐有序、间距合理、便于施工、满足检修的原则进行排布。

（6）管道穿楼板套管，管道支架根部应处理精细，分界清晰、线条顺直。

（7）管道的绝热层应连续不间断穿过套管，绝热层与套管之间应采用不燃材料填实，不应有空隙。

（8）管道保温材料纵向接缝位置应设置在管道侧面，接缝平整、做法美观，不宜将接缝位置正对门。

（9）当支架采用落地支架时需综合考虑设置集成的综合支架，管道应排列有序、间距均匀、横平竖直。

（10）阀门安装高度应便于操作，并排安装阀门成排成线。阀门手柄或手轮朝向正确并设有可拆卸的连接件，便于后期维修。

（11）计量仪表的远程控制线应套软管，软管应长度合理，软管接头位置使用专用接头，同时不受外力。

（12）机房内的地面和设备机座应采用易于清洗的面层；机房内的给水与排水设施应满足水系统冲洗、排污、事故排水等要求。

1.2 规范要求

1.2.1 《建筑防烟排烟系统技术标准》GB 51251—2017

3.3.5 机械加压送风风机宜采用轴流风机或中、低压离心风机，其设置应符合下

1

列规定：

1　送风机的进风口应直通室外，且应采取防止烟气被吸入的措施。

2　送风机的进风口宜设在机械加压送风系统的下部。

3　送风机的进风口不应与排烟风机的出风口设在同一面上。当确有困难时，送风机的进风口与排烟风机的出风口应分开布置，且竖向布置时，送风机的进风口应设置在排烟出口的下方，其两者边缘最小垂直距离不应小于6.0m；水平布置时，两者边缘最小水平距离不应小于20.0m。

4　送风机宜设置在系统的下部，且应采取保证各层送风量均匀性的措施。

5　送风机应设置在专用机房内，送风机房并应符合现行国家标准《建筑设计防火规范》GB 50016的规定。

6　当送风机出风管或进风管上安装单向风阀或电动风阀时，应采取火灾时自动开启阀门的措施。

4.4.5　排烟风机应设置在专用机房内，并应符合本标准第3.3.5条第5款的规定，且风机两侧应有600mm以上的空间。对于排烟系统与通风空气调节系统共用的系统，其排烟风机与排风风机的合用机房应符合下列规定：

1　机房内应设置自动喷水灭火系统；

2　机房内不得设置用于机械加压送风的风机与管道；

3　排烟风机与排烟管道的连接部件应能在280℃时连续30min保证其结构完整性。

6.5.1　风机的型号、规格应符合设计规定，其出口方向应正确，排烟风机的出口与加压送风机的进口之间的距离应符合本标准第3.3.5条的规定。

6.5.2　风机外壳至墙壁或其他设备的距离不应小于600mm。

6.5.3　风机应设在混凝土或钢架基础上，且不应设置减振装置；若排烟系统与通风空调系统共用且需要设置减振装置时，不应使用橡胶减振装置。

6.5.4　吊装风机的支吊架应焊接牢固、安装可靠，其结构形式和外形尺寸应符合设计或设备技术文件要求。

6.5.5　风机驱动装置的外露部位应装设防护罩；直通大气的进、出风口应装设防护网或采取其他安全设施，并应设防雨措施。

1.2.2　《民用建筑供暖通风与空气调节设计规范》GB 50736—2012

6.3.7　设备机房通风应符合下列规定：

1　设备机房应保持良好的通风，无自然通风条件时，应设置机械通风系统。设备有特殊要求时，其通风应满足设备工艺要求。

2　制冷机房的通风应符合下列规定：

1）制冷机房设备间排风系统宜独立设置且应直接排向室外。冬季室内温度不宜低于10℃，夏季不宜高于35℃，冬季值班温度不应低于5℃。

2）机械排风宜按制冷剂的种类确定事故排风口的高度。当设于地下制冷机房，且泄漏气体密度大于空气时，排风口应上、下分别设置。

3）氟制冷机房应分别计算通风量和事故通风量。当机房内设备放热量的数据不全时，通风量可取（4～6）次/h。事故通风量不应小于 12 次/h。事故排风口上沿距室内地坪的距离不应大于 1.2m。

3　柴油发电机房宜设置独立的送、排风系统。其送风量应为排风量与发电机组燃烧所需的空气量之和。

4　变配电室宜设置独立的送、排风系统。设在地下的变配电室送风气流宜从高低压配电区流向变压器区，从变压器区排至室外。排风温度不宜高于 40℃。当通风无法保障变配电室设备工作要求时，宜设置空调降温系统。

5　泵房、热力机房、中水处理机房、电梯机房等采用机械通风时，换气次数可按表 6.3.7 选用。

部分设备机房机械通风换气次数　　　　　　　表 6.3.7

机房名称	清水泵房	软化水间	污水泵房	中水处理机房	蓄电池室	电梯机房	热力机房
换气次数（次/h）	4	4	8～12	8～12	10～12	10	6～12

1.2.3　《通风与空调工程施工规范》GB 50738—2011

9.3.2　风机安装前应检查电机接线正确无误；通电试验，叶片转动灵活、方向正确，机械部分无摩擦、松脱，无漏电及异常声响。

9.3.3　风机落地安装的基础标高、位置及主要尺寸、预留洞的位置和深度应符合设计要求；基础表面应无蜂窝、裂纹、麻面、露筋；基础表面应水平。

9.3.4　风机安装应符合下列规定：

1　风机安装位置应正确，底座应水平；

2　落地安装时，应固定在隔震底座上，底座尺寸应与基础大小匹配，中心线一致；隔振底座与基础之间应按设计要求设置减振装置；

3　风机吊装时，吊架及减振装置应符合设计及产品技术文件的要求。

9.3.5　风机与风管连接时，应采用柔性短管连接，风机的进出风管、阀件应设置独立的支吊架。

10.2.2　蒸汽压缩式制冷（热泵）机组的基础应满足设计要求，并应符合下列规定：

1　型钢或混凝土基础的规格和尺寸应与机组匹配；

2　基础表面应平整，无蜂窝、裂纹、麻面和露筋；

3　基础应坚固，强度经测试满足机组运行时的荷载要求；

4　混凝土基础预留螺栓孔的位置、深度、垂直度应满足螺栓安装要求；基础预埋件应无损坏，表面光滑平整；

5　基础四周应有排水设施；

6　基础位置应满足操作及检修的空间要求。

10.2.3 蒸汽压缩式制冷（热泵）机组的运输和吊装应符合本规范第 10.1.3 条的规定；水平滚动运输机组时，机组应始终处在滚动垫木上，直到运至预定位置后，将防振软垫放于机组底脚与基础之间，并校准水平后，再去掉滚动垫木。

10.2.4 蒸汽压缩式制冷（热泵）机组就位安装应符合下列规定：

1 机组安装位置应符合设计要求，同规格设备成排就位时，尺寸应一致；

2 减振装置的种类、规格、数量及安装位置应符合产品技术文件的要求；

3 机组应水平，当采用垫铁调整机组水平度时，垫铁放置位置应正确、接触紧密，每组不超过 3 块。

10.2.5 蒸汽压缩式制冷（热泵）机组配管应符合下列规定：

1 机组与管道连接应在管道冲（吹）洗合格后进行；

2 与机组连接的管路上应按设计及产品技术文件的要求安装过滤器、阀门、部件、仪表等，位置应正确、排列应规整；

3 机组与管道连接时，应设置软接头，管道应设独立的支吊架；

4 压力表距阀门位置不宜小于 200mm。

10.4.2 冷却塔的基础应符合本规范第 10.2.2 条的规定。

10.4.3 冷却塔运输吊装可按本规范第 10.2.3 条执行。

10.4.4 冷却塔安装应符合下列规定：

1 冷却塔的安装位置应符合设计要求，进风侧距建筑物应大于 1000mm。

2 冷却塔与基础预埋件应连接牢固，连接件应采用热镀锌或不锈钢螺栓，其紧固力应一致，均匀。

3 冷却塔安装应水平，单台冷却塔安装的水平度和垂直度允许偏差均为 2/1000。同一冷却水系统的多台冷却塔安装时，各台冷却塔的水面高度应一致，高差不应大于 30mm。

4 冷却塔的积水盘应无渗漏，布水器应布水均匀。

5 冷却塔的风机叶片端部与塔体四周的径向间隙应均匀。对于可调整角度的叶片，角度应一致。

6 组装的冷却塔，其填料的安装应在所有电、气焊接作业完成后进行。

10.4.5 冷却塔配管可按本规范第 10.2.5 条执行。

10.5.2 换热设备的基础应符合本规范第 10.2.2 条的规定。

10.5.3 换热设备运输吊装可按本规范第 10.2.3 条执行。

10.5.4 换热设备安装应符合下列规定：

1 安装前应清理干净设备上的油污、灰尘等杂物，设备所有的孔塞或盖，在安装前不应拆除；

2 应按施工图核对设备的管口方位、中心线和重心位置，确认无误后再就位；

3 换热设备的两端应留有足够的清洗、维修空间。

10.5.5 换热设备与管道冷热介质进出口的接管应符合设计及产品技术文件的要求，并应在管道上安装阀门、压力表、温度计、过滤器等。流量控制阀应安装在换热设备的进口处。

10.5.6 换热设备安装应有可靠的成品保护措施,除应符合本规范第10.1.5条的规定外,尚应包括下列内容:

1 在系统管道冲洗阶段,应采取措施进行隔离保护;

2 不锈钢换热设备的壳体,管束及板片等,不应与碳钢设备及碳钢材料接触、混放;

3 采用氮气密封或其他惰性气体密封的换热设备应保持气封压力。

10.8.2 水泵基础应符合本规范第10.2.2条的规定。

10.8.3 水泵减振装置安装应满足设计及产品技术文件的要求,并应符合下列规定:

1 水泵减振板可采用型钢制作或采用钢筋混凝土浇筑。多台水泵成排安装时,应排列整齐。

2 水泵减振装置应安装在水泵减振板下面。

3 减振装置应成对放置。

4 弹簧减振器安装时,应有限制位移措施。

10.8.4 水泵就位安装应符合下列规定:

1 水泵就位时,水泵纵向中心轴线应与基础中心线重合对齐,并找平找正。

10.8.5 水泵吸入管安装应满足设计要求,并应符合下列规定:

1 吸入管水平段应有沿水流方向连续上升的不小于0.5%坡度。

2 水泵吸入口处有不小于2倍管径的直管段,吸入口不应直接安装弯头。

3 吸水管水平段上严禁因避让其他管道安装向上或向下的弯管。

4 水泵吸入管变径时,应做偏心变径管,管顶上平。

5 水泵吸入管应按设计要求安装阀门、过滤器。水泵吸入管与泵体连接处,应设置可挠曲软接头,不宜采用金属软管。

6 吸入管应设置独立的管道支吊架。

10.8.6 水泵出水管安装应满足设计要求,并应符合下列规定:

1 出水管段安装顺序应依次为变径管、可挠曲软接头、短管、止回阀、闸阀(蝶阀);

2 出水管变径应采用同心变径;

3 出水管应设置独立的管道支吊架。

1.2.4 《消防给水及消火栓系统技术规范》GB 50974—2014

4.3.8 消防用水与其他用水共用的水池,应采取确保消防用水量不作他用的技术措施。

4.3.9 消防水池的出水、排水和水位应符合下列规定:

1 消防水池的出水管应保证消防水池的有效容积能被全部利用;

2 消防水池应设置就地水位显示装置,并应在消防控制中心或值班室等地点设置显示消防水池水位的装置,同时应有最高和最低报警水位;

3 消防水池应设置溢流水管和排水设施,并应采用间接排水。

4.3.10 消防水池的通气管和呼吸管等应符合下列规定：

1 消防水池应设置通气管；

2 消防水池通气管、呼吸管和溢流水管等应采取防止虫鼠等进入消防水池的技术措施。

4.3.11 高位消防水池的最低有效水位应能满足其所服务的水灭火设施所需的工作压力和流量，且其有效容积应满足火灾延续时间内所需消防用水量，并应符合下列规定：

1 高位消防水池的有效容积、出水、排水和水位，应符合本规范第4.3.8条和第4.3.9条的规定；

2 高位消防水池的通气管和呼吸管等应符合本规范第4.3.10条的规定；

3 除可一路消防供水的建筑物外，向高位消防水池供水的给水管不应少于两条；

4 当高层民用建筑采用高位消防水池供水的高压消防给水系统时，高位消防水池储存室内消防用水量确有困难，但火灾时补水可靠，其总有效容积不应小于室内消防用水量的50%；

5 高层民用建筑高压消防给水系统的高位消防水池总有效容积大于200m³时，宜设置蓄水有效容积相等且可独立使用的两格；当建筑高度大于100m时应设置独立的两座。每格或座应有一条独立的出水管向消防给水系统供水；

6 高位消防水池设置在建筑物内时，应采用耐火极限不低于2.00h的隔墙和1.50h的楼板与其他部位隔开，并应设甲级防火门；且消防水池及其支承框架与建筑构件应连接牢固。

5.2.6 高位消防水箱应符合下列规定：

4 高位消防水箱外壁与建筑本体结构墙面或其他池壁之间的净距，应满足施工或装配的需要，无管道的侧面，净距不宜小于0.7m；安装有管道的侧面，净距不宜小于1.0m，且管道外壁与建筑本体墙面之间的通道宽度不宜小于0.6m，设有人孔的水箱顶，其顶面与其上面的建筑物本体板底的净空不应小于0.8m；

11 高位消防水箱的进、出水管应设置带有指示启闭装置的阀门。

5.5.1 消防水泵房应设置起重设施，并应符合下列规定：

1 消防水泵的重量小于0.5t时，宜设置固定吊钩或移动吊架；

2 消防水泵的重量为0.5t～3t时，宜设置手动起重设备；

3 消防水泵的重量大于3t时，应设置电动起重设备。

5.5.2 消防水泵机组的布置应符合下列规定：

1 相邻两个机组及机组至墙壁间的净距，当电机容量小于22kW时，不宜小于0.60m；当电动机容量不小于22kW，且不大于55kW时，不宜小于0.8m；当电动机容量大于55kW且小于255kW时，不宜小于1.2m；当电动机容量大于255kW时，不宜小于1.5m；

2 当消防水泵就地检修时，应至少在每个机组一侧设消防水泵机组宽度加0.5m的通道，并应保证消防水泵轴和电动机转子在检修时能拆卸；

3 消防水泵房的主要通道宽度不应小于1.2m。

5.5.5 消防水泵房内的架空水管道，不应阻碍通道和跨越电气设备，当必须跨越时，应采取保证通道畅通和保护电气设备的措施。

5.5.8 消防水泵房应至少有一个可以搬运最大设备的门。

5.5.9 消防水泵房的设计应根据具体情况设计相应的采暖、通风和排水设施，并应符合下列规定：

1 严寒、寒冷等冬季结冰地区采暖温度不应低于10℃，但当无人值守时不应低于5℃；

2 消防水泵房的通风宜按6次/h设计；

3 消防水泵房应设置排水设施。

5.5.10 消防水泵不宜设在有防振或有安静要求房间的上一层、下一层和毗邻位置，当必须时，应采取下列降噪减振措施：

1 消防水泵应采用低噪声水泵；

2 消防水泵机组应设隔震装置；

3 消防水泵吸水管和出水管上应设隔震装置；

4 消防水泵房内管道支架和管道穿墙和穿楼板处，应采取防止固体传声的措施；

5 在消防水泵房内墙应采取隔声吸音的技术措施。

5.5.14 消防水泵房应采取防水淹没的技术措施。

5.5.16 消防水泵和控制柜应采取安全保护措施。

12.3.2 消防水泵的安装应符合下列要求：

1 消防水泵安装前应校核产品合格证，以及其规格、型号和性能与设计要求应一致，并应根据安装使用说明书安装；

2 消防水泵安装前应复核水泵基础混凝土强度、隔震装置、坐标、标高、尺寸和螺栓孔位置；

3 消防水泵的安装应符合现行国家标准《机械设备安装工程施工及验收通用规范》GB 50231和《风机、压缩机、泵安装工程施工及验收规范》GB 50275的有关规定；

4 消防水泵安装前应复核消防水泵之间，以及消防水泵与墙或其他设备之间的间距，并应满足安装、运行和维护管理的要求；

5 消防水泵吸水管上的控制阀应在消防水泵固定于基础上后再进行安装，其直径不应小于消防水泵吸水口直径，且不应采用没有可靠锁定装置的控制阀，控制阀应采用沟漕式或法兰式阀门；

6 当消防水泵和消防水池位于独立的两个基础上且相互为刚性连接时，吸水管上应加设柔性连接管；

7 吸水管水平管段上不应有气囊和漏气现象。变径连接时，应采用偏心异径管件并应采用管顶平接；

8 消防水泵出水管上应安装消声止回阀、控制阀和压力表；系统的总出水管上还应安装压力表和压力开关；安装压力表时应加设缓冲装置。压力表和缓冲装置之间应安装旋塞；压力表量程在没有设计要求时，应为系统工作压力的2倍～2.5倍；

9 消防水泵的隔震装置、进出水管柔性接头的安装应符合设计要求，并应有产品说明和安装使用说明。

12.3.12 沟槽连接件（卡箍）连接应符合下列规定：

1 沟槽式连接件（管接头）、钢管沟槽深度和钢管壁厚等，应符合现行国家标准《自动喷水灭火系统 第11部分：沟槽式管接件》GB 5135.11 的有关规定；

2 有振动的场所和埋地管道应采用柔性接头，其他场所宜采用刚性接头，当采用刚性接头时，每隔4个～5个刚性接头应设置一个挠性接头，埋地连接时螺栓和螺母应采用不锈钢件；

3 沟槽式管件连接时，其管道连接沟槽和开孔应用专用滚槽机和开孔机加工，并应做防腐处理；连接前应检查沟槽和孔洞尺寸，加工质量应符合技术要求；沟槽、孔洞处不应有毛刺、破损性裂纹和脏物；

4 沟槽式管件的凸边应卡进沟槽后再紧固螺栓，两边应同时紧固，紧固时发现橡胶圈起皱应更换新橡胶圈；

5 机械三通连接时，应检查机械三通与孔洞的间隙，各部位应均匀，然后再紧固到位；机械三通开孔间距不应小于1m，机械四通开孔间距不应小于2m；机械三通、机械四通连接时支管的直径应满足表12.3.12 的规定，当主管与支管连接不符合表12.3.12 时应采用沟槽式三通、四通管件连接；

机械三通、机械四通连接时支管直径　　　　　　　　　　表 12.3.12

主管直径 DN		65	80	100	125	150	200	250	300
支管直径 DN	机械三通	40	40	65	80	100	100	100	100
	机械四通	32	32	50	65	80	100	100	100

6 配水干管（立管）与配水管（水平管）连接，应采用沟槽式管件，不应采用机械三通；

7 埋地的沟槽式管件的螺栓、螺帽应做防腐处理。水泵房内的埋地管道连接应采用挠性接头；

8 采用沟槽连接件连接管道变径和转弯时，宜采用沟槽式异径管件和弯头；当需要采用补芯时，三通上可用一个，四通上不应超过二个；公称直径大于50mm的管道不宜采用活接头；

9 沟槽连接件应采用三元乙丙橡胶（EDPM）C型密封胶圈，弹性应良好，应无破损和变形，安装压紧后C型密封胶圈中间应有空隙。

12.3.21 架空管道每段管道设置的防晃支架不应少于1个；当管道改变方向时，应增设防晃支架；立管应在其始端和终端设防晃支架或采用管卡固定。

12.3.24 架空管道外应刷红色油漆或涂红色环圈标志，并应注明管道名称和水流方向标识。红色环圈标志，宽度不应小于20mm，间隔不宜大于4m，在一个独立的单元内环圈不宜少于2处。

12.3.25 消防给水系统阀门的安装应符合下列要求：

1 各类阀门型号、规格及公称压力应符合设计要求；

2 阀门的设置应便于安装维修和操作，且安装空间应能满足阀门完全启闭的要求，并应作出标志；

3 阀门应有明显的启闭标志；

4 消防给水系统干管与水灭火系统连接处应设置独立阀门，并应保证各系统独立使用。

12.3.26 消防给水系统减压阀的安装应符合下列要求：

1 安装位置处的减压阀的型号、规格、压力、流量应符合设计要求；

2 减压阀安装应在供水管网试压、冲洗合格后进行；

3 减压阀水流方向应与供水管网水流方向一致；

4 减压阀前应有过滤器；

5 减压阀前后应安装压力表；

6 减压阀处应有压力试验用排水设施。

12.3.27 控制柜的安装应符合下列要求：

1 控制柜的基座其水平度误差不大于±2mm，并应做防腐处理及防水措施；

2 控制柜与基座应采用不小于 $\phi 12mm$ 的螺栓固定，每只柜不应少于 4 只螺栓；

3 做控制柜的上下进出线口时，不应破坏控制柜的防护等级。

1.2.5 《建筑电气工程施工质量验收规范》GB 50303—2015

5.1.1 柜、台、箱的金属框架及基础型钢应与保护导体可靠连接；对于装有电器的可开启门，门和金属框架的接地端子间应选用截面积不小于 $4mm^2$ 的黄绿色绝缘铜芯软导线连接，并应有标识。

5.1.2 柜、台、箱、盘等配电装置应有可靠的防电击保护；装置内保护接地导体（PE）排应有裸露的连接外部保护接地导体的端子，并应可靠连接。当设计未做要求时，连接导体最小截面积应符合现行国家标准《低压配电设计规范》GB 50054 的规定。

5.1.3 手车、抽屉式成套配电柜推拉应灵活，无卡阻碰撞现象。动触头与静触头的中心线应一致，且触头接触应紧密，投入时，接地触头应先于主触头接触；退出时，接地触头应后于主触头脱开。

5.1.4 高压成套配电柜应按本规范第 3.1.5 条的规定进行交接试验，并应合格，且应符合下列规定：

1 继电保护元器件、逻辑元件、变送器和控制用计算机等单体校验应合格，整组试验动作应正确，整定参数应符合设计要求；

2 新型高压电气设备和继电保护装置投入使用前，应按产品技术文件要求进行交接试验。

5.1.5 低压成套配电柜交接试验应符合本规范第 4.1.6 条第 3 款的规定。

5.1.6 对于低压成套配电柜、箱及控制柜（台、箱）间线路的线间和线对地间绝缘电阻值，馈电线路不应小于 $0.5M\Omega$，二次回路不应小于 $1M\Omega$；二次回路的耐压试验电压应为 1000V，当回路绝缘电阻值大于 $10M\Omega$ 时，应采用 2500V 兆欧表代替，试验持续时间应为 1min 或符合产品技术文件要求。

5.1.7 直流柜试验时，应将屏内电子器件从线路上退出，主回路线间和线对地间绝缘电阻值不应小于0.5MΩ，直流屏所附蓄电池组的充、放电应符合产品技术文件要求；整流器的控制调整和输出特性试验应符合产品技术文件要求。

5.2.1 基础型钢安装允许偏差应符合表5.2.1的规定。

检查数量：按总数抽查20%，且不得少于1台。

检查方法：水平仪或拉线尺量检查。

基础型钢安装允许偏差　　　　　　　　　　表5.2.1

项目	允许偏差(mm)	
	每米	全长
不直度	1.0	5.0
水平度	1.0	5.0
不平行度	—	5.0

5.2.2 柜、台、箱、盘的布置及安全间距应符合设计要求。

5.2.3 柜、台、箱相互间或与基础型钢间应用镀锌螺栓连接，且防松零件应齐全；当设计有防火要求时，柜、台、箱的进出口应做防火封堵，并应封堵严密。

5.2.5 柜、台、箱、盘应安装牢固，且不应设置在水管的正下方。柜、台、箱、盘安装垂直度允许偏差不应大于1.5‰，相互间接缝不应大于2mm，成列盘面偏差不应大于5mm。

5.2.6 柜、台、箱、盘内检查试验应符合下列规定：

1 控制开关及保护装置的规格、型号应符合设计要求；

2 闭锁装置动作应准确、可靠；

3 主开关的辅助开关切换动作应与主开关动作一致；

4 柜、台、箱、盘上的标识器件应标明被控设备编号及名称或操作位置，接线端子应有编号，且清晰、工整、不易脱色；

5 回路中的电子元件不应参加交流工频耐压试验，50V及以下回路可不做交流工频耐压试验。

5.2.8 柜、台、箱、盘间配线应符合下列规定：

1 二次回路接线应符合设计要求，除电子元件回路或类似回路外，回路的绝缘导线额定电压不应低于450/750V；对于铜芯绝缘导线或电缆的导体截面积，电流回路不应小于2.5mm²，其他回路不应小于1.5mm²。

2 二次回路连线应成束绑扎，不同电压等级、交流、直流线路及计算机控制线路应分别绑扎，且应有标识；固定后不应妨碍手车开关或抽出式部件的拉出或推入。

3 线缆的弯曲半径不应小于线缆允许弯曲半径。

4 导线连接不应损伤线芯。

5.2.9 柜、台、箱、盘面板上的电器连接导线应符合下列规定：

1 连接导线应采用多芯铜芯绝缘软导线，敷设长度应留有适当裕量；

2 线束宜有外套塑料管等加强绝缘保护层；

    3 与电器连接时，端部应绞紧、不松散、不断股，其端部可采用不开口的终端端子或搪锡；

    4 可转动部位的两端应采用卡子固定。

    10.1.1 母线槽的金属外壳等外露可导电部分应与保护导体可靠连接，并应符合下列规定：

    1 每段母线槽的金属外壳间应连接可靠，且母线槽全长与保护导体可靠连接不应少于2处；

    2 分支母线槽的金属外壳末端应与保护导体可靠连接；

    3 连接导体的材质、截面积应符合设计要求。

    10.2.1 母线槽支架安装应符合下列规定：

    1 除设计要求外，承力建筑钢结构构件上不得熔焊连接母线槽支架，且不得热加工开孔。

    2 与预埋铁件采用焊接固定时，焊缝应饱满；采用膨胀螺栓固定时，选用的螺栓应适配，连接应牢固。

    3 支架应安装牢固、无明显扭曲，采用金属吊架固定时应有防晃支架，配电母线槽的圆钢吊架直径不得小于8mm；照明母线槽的圆钢吊架直径不得小于6mm。

    4 金属支架应进行防腐，位于室外及潮湿场所的应按设计要求做处理。

    10.2.5 母线槽安装应符合下列规定：

    1 水平或垂直敷设的母线槽固定点应每段设置一个，且每层不得少于一个支架，其间距应符合产品技术文件的要求，距拐弯0.4m～0.6m处应设置支架，固定点位置不应设置在母线槽的连接处或分接单元处。

    2 母线槽段与段的连接口不应设置在穿越楼板或墙体处，垂直穿越楼板处应设置与建（构）筑物固定的专用部件支座，其孔洞四周应设置高度为50mm及以上的防水台，并应采取防火封堵措施。

    3 母线槽跨越建筑物变形缝处时，应设置补偿装置；母线槽直线敷设长度超过80m，每50m～60m宜设置伸缩节。

    4 母线槽直线段安装应平直，水平度与垂直度偏差不宜大于1.5‰，全长最大偏差不宜大于20mm；照明用母线槽水平偏差全长不应大于5mm，垂直偏差不应大于10mm。

    5 外壳与底座间、外壳各连接部位及母线的连接螺栓应按产品技术文件要求选择正确、连接紧固。

    6 母线槽上无插接部件的接插口及母线端部应采用专用的封板封堵完好。

    7 母线槽与各类管道平行或交叉的净距应符合本规范附录F的规定。

    23.1.1 接地干线应与接地装置可靠连接。

    23.2.2 明敷的室内接地干线支持件应固定可靠，支持件间距应均匀，扁形导体支持件固定间距宜为500mm；圆形导体支持件固定间距宜为1000mm；弯曲部分宜为0.3m～0.5m。

    23.2.6 室内明敷接地干线安装应符合下列规定：

1 敷设位置应便于检查，不应妨碍设备的拆卸、检修和运行巡视，安装高度应符合设计要求；

2 当沿建筑物墙壁水平敷设时，与建筑物墙壁间的间隙宜为10mm～20mm；

3 接地干线全长度或区间段及每个连接部位附近的表面，应涂以15mm～100mm宽度相等的黄色和绿色相间的条纹标识；

4 变压器室、高压配电室、发电机房的接地干线上应设置不少于2个供临时接地用的接线柱或接地螺栓。

1.3 管理规定

（1）创建精品工程应以经济、适用、美观、节能环保及绿色施工为原则，做到策划先行，样板引路，过程控制，一次成优。

（2）质量策划、创优策划工作应全面、细致，从工程质量及使用功能等方面综合考虑，明确细部做法、统一质量标准、加强过程质量管控措施。

（3）采用BIM模型、文字及现场样板交底相结合的方式进行全员交底，明确施工工序、质量要求及标准做法，以确保策划的有效落地。

（4）各专业所采用的材料、设备应有产品合格证书和性能检测报告，其品种、规格、性能等应符合国家现行产品标准和设计要求。

（5）根据总进度计划，编制管井施工进度计划，全面考虑各单位施工内容及相互影响因素，合理安排工序穿插。计划中，应标明各材料计划采购时间，专业分包确定材料排产及进场等关键时间节点。

（6）机房部位土建工程的砌体、抹灰及腻子施工提前插入，尽早为安装专业提供完整工作面。

（7）总承包单位应协调各施工单位合理、及时地进行工序穿插施工。

（8）加强对土建及安装施工过程质量的监督检查，确保各环节施工质量。做好专业间工作面移交检查验收工作，重点关注隐蔽内容及成品保护措施。

（9）技术复核工作至关重要，是保证每个关键节点符合要求的关键过程。各施工阶段及时对各工序涉及的重点点位进行复核、实测及纠偏，确保符合图纸及深化要求。

（10）机房内各工种穿插施工时，应采取有效护、包、盖、封等成品保护措施，同时加强对其他专业已完成部位的保护工作。

1.4 深化设计

机电深化设计，是对图纸或原施工图的补充、完善与优化。在满足建筑功能需求的前提下，基于建筑结构及机电专业的设计文件，在原设计图纸的基础上，完成相关节点图、做法大样图、设计参数校核与空间优化，完善机电专业设计，向设计单位提出调整建议并将最终确认的设计解决方案反映到深化设计专业图纸中。

1.4.1 设备机房及管道井布局优化

（1）符合相关法规和标准要求，尊重客户行业习惯，以安全性、使用便利性和可维护性为主要区分原则。

（2）应合理分布，既体现分割独立、又相对集中，避免出现相互干扰现象，要达到协调统一。

（3）根据立井位置布置机房，考虑设备之间布线的距离，合理的距离能够减少对布线的投资，同时也能提高效率。

1.4.2 全方位的初步参数复核

工程上常用的计算校核工作的具体内容包括但不限于：风机及空调机组的压头计算、水泵扬程计算校核、风道截面积计算、水管管径计算、噪声计算、减振计算、水管伸缩补偿量计算、保温层计算、水系统水力平衡计算、照度计算、功率密度值计算、电流负荷计算、开关校核计算、线缆压降计算、桥架规格计算、水泵的选型和参数等。提供相关设备参数。

1.4.3 设备选型

（1）实际需求适用。

（2）技术上先进。

（3）经济上合理。

（4）设备的可靠性和维修性。

1.4.4 机房管线布置方案

根据工程实际情况，一方面要保证高度上尽可能排列更多的管道，以节省层高；另一方面要注意管道之间的间距，保证管道之间留有检修的空间。当管线相互交叉碰撞时，在不影响系统使用功能的前提下，优先选择适当的水平移位或绕行方案以减少碰撞，管线垂直方向翻弯为次方案。当管线需翻弯避让时，无压排水管、母线、高压桥架、管径大于400mm管道、长边大于630mm及以上风管都是优先考虑对象，其他管线适当避让，除上述优先考虑对象外，还应按以下建议处理：

（1）压力管道让无压（自流）管道；

（2）小管径让大管径；

（3）少管让多管；

（4）介质危险度较低管道让介质危险度较高管道；

（5）造价低管道让造价高管道；

（6）临时管道避让永久管道；

（7）新建管道避让原有管道；

（8）消防水管道让冷冻水管道；

（9）冷水管道让热水管道。

1.4.5 BIM 模型碰撞调整

建模完成后，各专业间有可能存在相互碰撞的部位，运用以上相关管线排布原则进行碰撞调整，针对系统提示的冲突部位，优先对相关零件的位置进行高程或者水平位置偏移避让；依靠施工经验重点解决保温、操作空间、检修空间不足等软碰撞问题；着重于查漏补缺，解决综合管线深化设计过程错漏的碰撞点；协调相应的解决方案，及时解决碰撞问题。

1.4.6 图纸调整

依据批准后的 BIM 模型导出相关专业图纸及剖面图。调整机电专业施工图。根据新的专业图纸对设备技术参数进行复核，确定设备最终规格型号。

1.5 关键节点工艺

1.5.1 设备区浮动地台施工

1. 适用范围

适用于避难层设备区浮动地台的施工。

2. 施工准备

（1）材料进场检验合格。

（2）施工部位环境满足作业条件。

（3）施工方法已明确，技术交底已落实。

（4）施工机具已齐备。

3. 质量要求

（1）结构楼板平整度：每平方米区域内不超过 3mm。

（2）在结构保护层厚度：处理粗糙楼板后作防水层，厚度不小于 20mm。

（3）结构与胶垫的频率差：≥50%。

（4）胶垫受压竖向变形度：≤20%。

（5）设备运行噪声：满足噪声评价曲线。

4. 工艺流程

深化设计→胶垫选用→结构楼板平整→保护层施工→胶垫铺设→限位型钢敷设→钢模面层保护→钢筋绑扎→混凝土浇筑

5. 精品要点

（1）深化设计：设备管道平面布置合理，结构负荷满足要求；设备基础与管道支架受力点预动荷载计算详实准确。

（2）胶垫选用：按结构平面、浮动地台平面、设备与管道平面等，合理布置胶垫数量，并复核胶垫预动荷载时的频率与变形量是否满足要求。

（3）浇筑监视：根据胶垫限位型钢布置、沟渠与结构柱等选定若干条浮台浇筑监视探头游走路线，实时视频检查，杜绝混凝土跑漏失效。

14

（4）噪声评价：系统设计负荷运行时，在敏感楼层区域实测振动与噪声；结构噪声需小于特定的噪声评价曲线。

6. 实例或示意图

浮动地台的浮动层为钢筋混凝土，弹性层为阻尼隔振胶垫；适用于高层与超高层建筑中占地较大的机电系统设备，如冷冻机组、水泵房与热交换器间等。

实例或示意图见图 1.5-1～图 1.5-8。

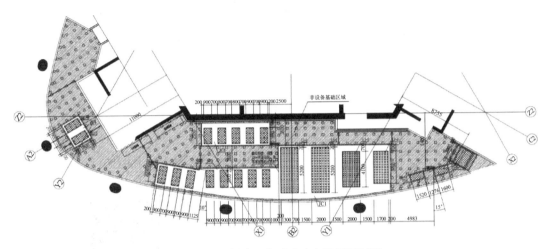

图 1.5-1 制冷机房浮动地台设置平面图

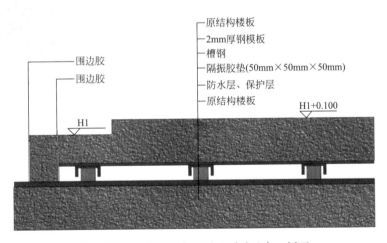

图 1.5-2 设备层设备基础（浮动地台）剖面

1.5.2 设备基础施工

1. 适用范围

适用于避难层设备基础的施工。

2. 施工准备

（1）核实房间空间、设备（含接口）与运输通道尺寸。

（2）按设备运行重量与外形尺寸提交基础要求。

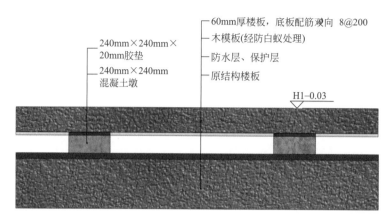

图 1.5-3　设备层非设备基础（浮动地台）剖面

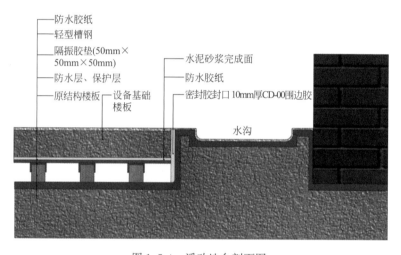

图 1.5-4　浮动地台剖面图

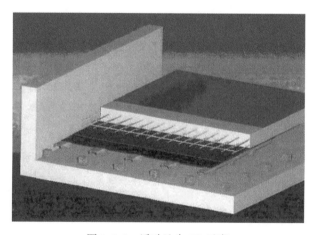

图 1.5-5　浮动地台 3D 示意

图 1.5-6 位置复核效果图

图 1.5-7 限位型钢敷设效果图

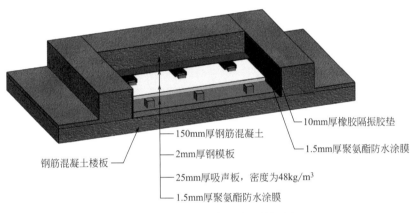

图 1.5-8 浮动地台三维工艺视图

（3）设备房墙与平面板已作抹灰等处理（吊顶通道除外）。

3. 质量要求

（1）设备基础应在建筑物主体结构工程施工完毕、结构稳定后施工。

（2）混凝土基础平整，无蜂窝、裂纹、麻面与露筋。

（3）混凝土基础预留螺栓孔的位置、深度、垂直度应满足螺栓安装要求。

（4）预留螺栓孔的边缘至基础边缘的距离不应小于100mm，预留螺栓孔孔底至基础底面距离不应小于100mm。

（5）现浇设备基础位置和尺寸偏差应符合《混凝土结构工程施工质量验收规范》GB 50204—2015的有关规定。

4. 工艺流程

机房尺寸复核→设备选型确定→设备基础位置、尺寸和强度确定→预留螺栓孔位置、深度确定→基础浇筑→抹平→基础验收

5. 精品要点

（1）基础平实整齐，平面偏差小于5mm。

（2）混凝土基础的规格和尺寸应与机组匹配。设备的投影距基础边不少于100mm，且四周距离均匀。

（3）混凝土基础预留螺栓孔的位置、深度、垂直度应满足螺栓安装要求。基础预埋件

应无损坏，表面光滑平整。

（4）基础位置应满足操作及检修的空间要求。

6. 实例或示意图

实例或示意图见图 1.5-9～图 1.5-12。

图 1.5-9　设备基础施工实例图（一）

图 1.5-10　设备基础施工实例图（二）

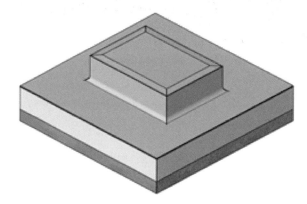

图 1.5-11　设备基础三维视图

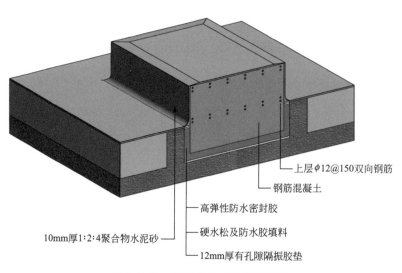

图 1.5-12　设备基础三维剖面视图

1.5.3 设备机房通风管道制作安装

1. 适用范围

适用于设备机房内通风风管及部件的安装。

2. 施工准备

（1）风管及配件的制作尺寸、接口形式及法兰连接方式已明确，加工方案已批准；采用的技术标准和质量控制措施文件齐全；

（2）加工场地环境已满足作业条件要求；

（3）材料进场检验合格；

（4）加工机械设备和工具已准备齐全，满足使用要求。

3. 质量要求

（1）钢板矩形风管及配件板材的最小厚度应符合设计或现行国家标准《通风与空调工程施工质量验收规范》GB 50243 的规定。

（2）薄钢板法兰风管的四角处应在其内外侧均涂抹密封胶密封。四角采用螺栓固定且方向一致，中间采用弹簧夹或顶丝卡等连接件，其间距不应大于 150mm，最外端连接件距风管边缘不应大于 100mm。薄钢板法兰弹簧夹的材质应与风管板材相同，形状和规格应与薄钢板法兰相匹配，板材厚度不小于 1mm；长度宜为 130～150mm 且切割后应去除毛刺。

（3）角钢法兰制作平整，焊缝饱满，法兰螺栓孔及铆钉间距排布均匀且低、中压风管系统≤150mm，高压系统≤100mm。角钢法兰规格选用应符合规范要求。

（4）变径管单面变径的夹角（θ）宜小于 30°，双面变径的夹角宜小于 60°。

（5）矩形保温风管边长大于 800mm，管段长度大于 1250mm 或低压风管单边截面积大于 1.2m²、中、高压风管大于 1.0m²，均应采取加固措施。

（6）保温风管的支吊架放在保温层外部，不得与支吊托架直接接触，防止产生"冷桥"。

（7）消声器、消声弯头、静压箱均单独设置支架，其重量不得由风管承受。

（8）防火阀距墙表面不大于 200mm。

4. 工艺流程

1）薄钢板法兰风管制作流程

施工准备→风管工厂化预制半成品→运输进场→现场组合成矩形风管→安装法兰角→四角处的内外侧均涂抹密封胶→风管内支撑加固→检查验收

2）角钢法兰风管制作流程

施工准备→矩形角钢法兰工厂化预制→风管工厂化预制半成品→运输进场→现场组合成矩形风管→上法兰→风管内支撑加固→检查验收

3）支吊架制作流程

确定形式→材料选用→型钢矫正及切割下料→钻孔处理→焊接处理→防腐处理→质量检查

4）支吊架安装流程

支吊架定位放线→固定件安装→支吊架安装→调整与固定→质量检查

5）风管安装流程

测量放线→支吊架安装→风管组合为风管段→风管段吊装→风管段间连接→风管调

整→质量检查

5. 精品要点

（1）薄钢板法兰连接时，薄钢板法兰应与风管垂直，贴合紧密，四角采用螺栓固定且方向一致。

（2）角钢法兰连接时，接口应无错位，角钢法兰的连接螺栓应均匀拧紧，螺母应在同一侧，螺栓应采用镀锌螺栓。

（3）风管采用螺杆内支撑加固时，支撑螺杆穿管板处的密封处理合理。风管采用角钢或加固筋加固时，应排列整齐、均匀对称，其高度应小于或等于风管的法兰宽度。

（4）阀门安装必须方向正确、便于操作、启闭灵活。支吊架的设置不应影响阀门、自控机构的正常动作。

（5）消声器、静压箱等设备与金属风管连接时，法兰应匹配。

（6）风管安装后应进行调整，风管应平正，支吊架应顺直。

6. 实例或示意图

实例或示意图见图 1.5-13。

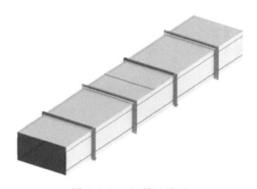

图 1.5-13　风管三维图

1.5.4　风机柔性短管制作安装

1. 适用范围

适用于空气处理机房内与空气处理机组出/回风口连接的柔性短管制作安装。

2. 施工准备

（1）材料进场检验已合格。

（2）施工方法已明确，技术交底已落实。

3. 质量要求

（1）软接风管应采用防腐、防潮、不透气、不易霉变的柔性材料。

（2）柔性短管的长度宜为 150～300mm，应无开裂、扭曲现象。

（3）柔性风管与角钢法兰组装时，可采用条形镀锌钢板压条的方式，铆接连接。压条翻边 6～9mm，紧贴法兰，铆接平顺；铆钉间距宜为 60～80mm。柔性短管的法兰规格应与 AHU 机组出风口的法兰规格相同。

（4）柔性短管安装后应松紧适度，无开裂、扭曲现象，并不应作为找正、找平的异径连接管。柔性短管两端面形状应大小一致，两侧法兰应平行。

4. 工艺流程

测量下料→短管缝制→角钢法兰制作→短管与法兰组合成型→柔性短管

5. 精品要点

（1）柔性短管宜采用机械制作的成品柔性短管。

（2）柔性短管制作规范，接缝严密，无破损。

（3）柔性短管安装后应松紧适度，无开裂、扭曲现象。

6. 实例或示意图

实例或示意图见图1.5-14。

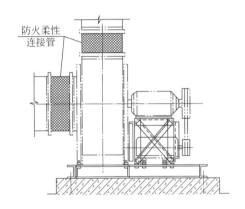

图1.5-14　防火柔性连接图

1.5.5　设备机房通风管道穿墙处理

1. 适用范围

适用于设备机房通风管道穿墙的封堵处理。

2. 施工准备

（1）材料进场检验已合格。防火泥材料性能等应符合国家现行产品标准。

（2）施工方法已明确，技术交底已落实。

3. 质量要求

用不小于1.6mm厚钢板加工制作风管套管，套管接缝应满焊，套管尺寸比风管四周尺寸大30～50mm，套管长度与墙面厚度一致。安装完后用柔性不燃防火材料将套管与风管间隙填塞密实。用防火板、硅钙板、金属板等不燃或阻燃材料做成装饰框（圈）收口，且与装饰装修相协调，见图1.5-16。

4. 工艺流程

钢套管制作与安装→套管内部清理→缝隙防火封堵→安装装饰圈

5. 精品要点

（1）套管间隙均匀，防火泥封堵应平整、连续，接缝处均匀、无杂物残留。

（2）装饰圈平直、紧粘墙面。

6. 实例或示意图

实例或示意图见图1.5-15～图1.5-18。

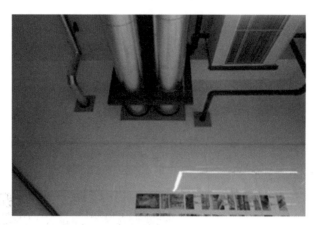

图 1.5-15　通风管道穿墙实例图

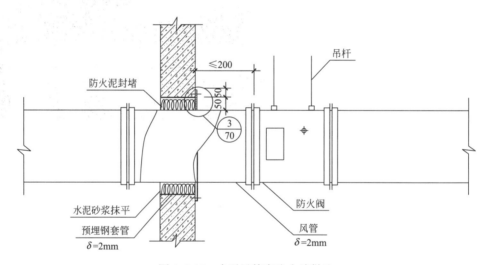

图 1.5-16　水平风管穿防火墙做法

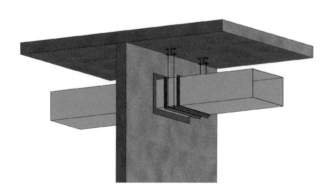

图 1.5-17　通风管道穿墙三维图

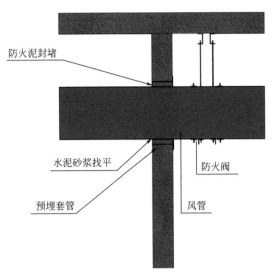

图 1.5-18　通风管道穿墙剖面视图

1.5.6　设备机房金属管道支架制作安装

1. 适用范围

适用于避难层设备机房金属管道支架的制作安装。

2. 施工准备

（1）材料进场检验已合格。

（2）施工部位环境满足作业条件。

（3）施工方法已明确，技术交底已落实；管道的安装位置、坡向及坡度已经过技术复核，并符合设计要求。

（4）施工机具已齐备。

3. 质量要求

（1）管道支吊架制作。根据管道的数量、管径、走向、空间布局选用合适的支架形式。支吊架制作前，应对型钢进行矫正。型钢采用机械切割，切割边缘处应进行打磨处理。型钢应采用机械开孔，开孔尺寸与螺栓相匹配（孔径为螺栓直径＋2mm）。支吊架焊接应采用角焊缝满焊，焊缝饱满、均匀，不得出现漏焊、夹渣、裂纹、咬肉等现象。采用圆钢吊杆时，与吊架根部的焊接长度应大于6倍的吊杆直径。支吊架制作完成后，应用钢刷、砂布进行除锈，并应清除表面污物，再进行刷漆处理。支架应先刷防锈漆，再刷灰色面漆，埋地支架埋入部分及地面以上（50±1）mm内刷沥青防腐面漆。

（2）"Ⅱ"形支架。支架焊缝饱满，焊接牢固，孔距、孔径与U形管卡配套，安装位置准确，埋设平整牢固。横梁安装时每边立杆必须有两点固定，且上面一个固定点宜在大梁中心线之上。吸顶安装时倒吊钢板的厚度应大于型钢的厚度。"Ⅱ"形支架立杆与横担应采用45°角焊接连接。

① 空调水管"Ⅱ"形支架。空调水管"Ⅱ"形支架制作安装时，为防止产生冷桥，发生结露现象，空调水管必须采用木垫。木垫的规格必须和管道的规格相匹配，管道和木垫

结合严密。

② 大跨距"Ⅱ"形支架。"Ⅱ"形支架跨距较大时，支架的横担应加强，宜在支架的管中位置加设竖向加强肋板，增强支架的强度，确保系统的安全运行，加强肋板的宽度不应超出支架型钢的宽度，厚度宜为 10mm 以上。

③ 可能积水场所管道"Ⅱ"形支架。设在有可能积水区域的支架应在其根部设置防水台，防水台高度宜为 10～15cm，应将支架根部全部包裹住。

（3）"U"形卡环、管夹。选择与管径匹配的卡环，卡环安装固定螺栓孔应保证管道顺直且居卡环中间，卡环与管道应接触紧密。圆钢卡环与不锈钢管、铜管连接固定时，卡环应套塑料保护软管，管道与支架间接触面应垫与角钢同宽的隔离橡胶垫。扁钢卡环应与木托同宽，与螺杆应满焊连接；在与支架连接处应垂直，扁钢端部与支架宜留有 5～8mm 收缩余量，卡环端部应安装圆头螺母保护，油漆涂刷应均匀。

（4）弯头托架。在弯头处设立托架，对立管起到支持作用。根据弯头外形加工制作曲面支撑钢板，托架管中心应与支承板中心一致；将法兰安装在托管高度中间位置，法兰间加橡胶垫，法兰螺栓向下，外露长度为 2～3 扣且一致；托架顶部焊接曲面支承钢板，与弯头底部焊接牢固，防锈漆及灰色面漆涂刷均匀、无污染。托架尺寸可按表 1.5-1 选用。

托架底板推荐数据   单位（mm）   表 1.5-1

管径	DN50～DN100	DN125～DN150	DN200	DN250	DN300	DN350	DN400	DN450
B(mm)	200	260	310	340	400	440	500	550
C(mm)	32	32	50	65	80	100	100	100
t(mm)	8	10			12			

（5）管道承重支架。承重支架设置部位规定最低层设一个，管径小于等于 DN200 的，每隔 5 层一个，管径大于 DN200 的，每隔 3 层一个。空调冷水管立管承重支架为防止结露产生冷凝水，应垫防腐木垫。落地承重支吊架宜架高设置，支架横担底标高宜高出楼面 200～300mm，以便于管道保温或防火封堵。

（6）管道减振支架。振动管道支架应采用减振支架。

（7）防晃支架。

① 支吊架的安装位置不应妨碍喷头的喷水效果。

② 管道支吊架与喷头之间的距离不宜小于 300mm，与末端喷头之间的距离不宜大于 750mm。

③ 配水支管上每一直管段、相邻两喷头之间设置的吊架均不宜少于 1 个；当喷头之间距离小于 1.8m 时，可隔段设置吊架，但吊架的间距不宜大于 3.6m。

④ 当管子的公称直径等于或大于 50mm 时，每段配水干管或配水管设置防晃支架不应少于 1 个；当管道改变方向时，应增设防晃支架；竖直安装的配水干管应在其始端和终端设防晃支架或采用管卡固定，其安装位置距地面或楼面的距离宜为 1.5～1.8m。

（8）支吊架安装应平整、牢固。冷冻水管道与支吊架之间应设置绝热衬垫，采用木质材料作为绝热衬垫时，应做好防腐处理。

4. 工艺流程

1）管道支吊架制作

确定形式→材料选用→型钢矫正及切割下料→钻孔处理→焊接处理→防腐处理→质量检查

2）支吊架安装

支吊架定位放线→固定件安装→支吊架安装→调整与固定→质量检查

5. 精品要点

（1）支吊架制作用型钢切割面应打磨光滑，端部倒圆弧角，倒角半径为型钢端面边长的 1/3～1/2，支架拐角处应采用 45°拼接，拼接缝采用焊接，焊缝应饱满、打磨平滑。

（2）支架安装牢固、平整；焊缝应饱满、平整；油漆均匀、光亮。

（3）支吊架与管道接口的距离应大于 100mm。

（4）成排管道尽量采用共用支架，支架间距按照成排管道中管道支架间距最大值中最小的一个值来确定。

6. 实例或示意图

实例或示意图见图 1.5-19～图 1.5-26。

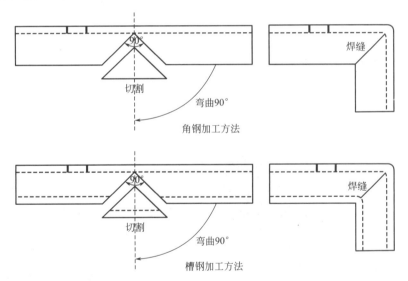

图 1.5-19 型钢支吊架 45°制作加工示意图

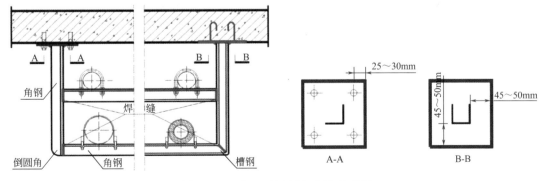

图 1.5-20 "Ⅱ"形支吊架安装示意图

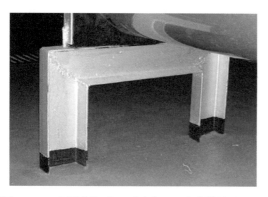

图 1.5-21　空调水管"Ⅱ"形支架地面安装效果图（一）　图 1.5-22　空调水管"Ⅱ"形支架地面安装效果图（二）

图 1.5-23　水泵进出口支架安装效果图（一）　　　图 1.5-24　水泵进出口支架安装效果图（二）

图 1.5-25　空调水管"Ⅱ"形吊架安装效果图（一）　图 1.5-26　空调水管"Ⅱ"形吊架安装效果图（二）

1.5.7　设备机房金属管道安装

1. 适用范围

适用于避难层设备机房管道及附件的安装，包括给水管道、消防管道、空调水管道。

2. 施工准备

（1）材料进场检验已合格。

（2）施工部位环境满足作业条件。

（3）施工方法已明确，技术交底已落实；管道的安装位置、坡向及坡度已经过技术复核，并符合设计要求。

（4）建筑结构的预留孔洞及预留套管位置、尺寸应满足管道安装要求。

（5）施工机具已齐备。

3. 质量要求

（1）管道和管件安装前，应将其内、外壁的污物和锈蚀清除干净。管道安装后应保持管内清洁。管道安装间断时，应及时封闭敞开的管口。

（2）沟槽连接管道安装。

① 支吊架不能支承在连接头上，水平管的任意两个连接头之间必须有支吊架。

② 横管吊架（托架）应设置在接头两侧和三通、四通、弯头上下游连接接头的两侧。吊架（托架）与接头的净间距不宜小于 150mm 和大于 300mm。

③ 配水干管（立管）与配水管（水平管）连接，应采用沟槽式管件，不应采用机械三通。

（3）焊接连接管道安装。

① 焊缝余高不得低于母材表面，水平固定位置最大余高不超过 5mm，其他位置焊缝余高不超过 3mm。

② 焊接管道相邻两段管道组对时，两纵缝间距应大于 100mm。

③ 支管接头不能设在主管焊缝上，支管外壁距焊缝边缘 50mm 以上。

④ 不锈钢管道焊接后影响热焊缝和热影响区应进行酸洗钝化处理。

（4）法兰连接管道安装。

① 焊接法兰与管道连接时应双面施焊，并注意端焊接不要突出凸台面。

② 法兰不直接焊接在弯头上，应焊接在长度大于 100mm 的直管段上。法兰焊缝饱满均匀。

③ 法兰对接平行、紧密，法兰之间缝隙均匀。法兰垫片材质应与管道内介质相匹配；组对时放置在法兰的中心位置，不得安放双垫或偏垫。

（5）机房内管道穿越墙体或楼板处应设钢制套管。管道应设置在套管中心，管道接口不得置于套管内，钢制套管应与墙体饰面或楼板底部平齐，上部应高出楼层地面 20～50mm，且不得将套管作为管道支撑。管道的绝热层应连续不间断穿过套管，绝热层与套管之间应采用不燃材料填实，不应有空隙。

（6）管道与机组连接应为柔性接管（如采用橡胶柔性接头），且不得强行对口连接，连接处管道侧应设置独立的支架。

（7）阀门、仪表应安装齐全，规格、位置应正确。

（8）采用扁钢"U"形卡环固定管道时，选择与管径匹配的卡环，扁钢卡环应与木托同宽，与螺杆应满焊连接；在与支架连接处应垂直，扁钢端部与支架宜留有 5～8mm 收缩余量，卡环端部应安装圆头螺母保护，油漆涂刷应均匀。

4. 工艺流程

管道预制→管道支吊架制作与安装→管道与附件安装→水压试验→系统冲洗

5. 精品要点

（1）机房内管道连接方式合理，连接严密；管道安装横平竖直、牢固，支架布置合理，落地支架的根部做防积水处理。

（2）螺纹连接后管螺纹根部应有2～3扣的外露螺纹。多余的填料应清理干净，并做好外露螺纹的防腐处理。

（3）焊接连接时，焊缝成形质量好，外壁应平齐；焊缝表面饱满平整成直线，焊波均匀，外观美观。

（4）沟槽连接时，管道在同一管段上安装的卡箍卡口与螺栓朝向一致。

（5）法兰连接时，法兰对接平行、紧密，法兰之间缝隙均匀。法兰连接螺栓长度一致，螺杆外露长度应为螺杆直径的一半，同一法兰上的螺栓朝向一致。不锈钢法兰与碳钢连接螺栓间应有防腐蚀措施。

（6）支吊架与管道焊缝的距离应大于100mm。

（7）绝热衬垫形状规则，表面平整，无缺损。绝热衬垫厚度不应小于管道绝热层厚度，宽度应大于支吊架支承面宽度，衬垫应完整，与绝热材料之间应密实、无空隙。

6. 实例或示意图

实例或示意图见图1.5-27～图1.5-30。

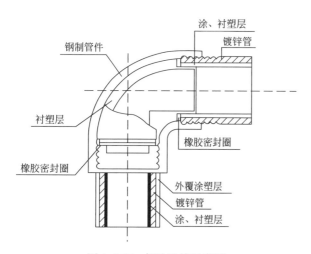

图1.5-27　螺纹连接示意图

图1.5-28　螺纹连接实例图

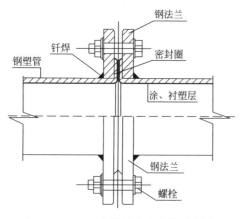

图1.5-29　一次焊接法兰连接示意图

图1.5-30　一次焊接法兰连接实例图

1.5.8 设备机房水箱及其配管安装

1. 适用范围

适用于避难层设备机房水箱及其配管的安装。

2. 施工准备

(1) 施工方案已批准，采用的技术标准、质量和安全控制措施文件齐全。

(2) 设备及辅助材料进场检查和试验合格，熟悉设备安装说明。

(3) 基础验收已合格，并办理移交手续；基础位置及尺寸应符合设计要求。

(4) 运输道路畅通，安装部位清理干净，照明满足安装要求。

(5) 安装施工机具已齐备，满足安装要求。

3. 质量要求

(1) 基础宽 300~400mm、基础中心间距为 1000mm，与钢架座呈互相垂直。基础应加工成水平状态。

(2) 水箱外壁与建筑本体结构墙面或其他池壁之间的净距，无管道的侧面净距不宜小于 0.7m；安装有管道的侧面，净距不宜小于 1.0m，且管道外壁与建筑本体墙面之间的通道宽度不宜小于 0.6m；设有人孔的池顶，顶板面与上面建筑本体板底的净距不应小于 0.8m；水箱底与房间地面板的净距，当有管道敷设时不宜小于 0.8m。

(3) 水箱配管：进水管宜在水箱的溢流水位以上接入，进出水管布置不得产生水流短路，必要时应设导流装置，出水管或水泵吸水管应满足最低有效水位出水不掺气的技术要求。

(4) 生活饮用水水箱的人孔、通气管、溢流管应有防止生物进入水箱的措施。

(5) 水箱泄水管和溢流管的排水应间接排水。间接排水口最小空气间隙应符合国家标准《建筑给水排水设计标准》GB 50015—2019 表 4.4.14 的规定。

4. 工艺流程

水箱尺寸确定→基础位置及尺寸确定→水箱基础施工→基础验收→水箱底座焊接→水箱焊接→水箱配管→满水试验→清洗消毒

5. 精品要点

(1) 整体水箱安装牢固可靠，型钢基础平直无变形。组装水箱美观整洁，接口严密，无渗漏。

(2) 水箱现场液位计宜采用磁翻板液位计或液位指示高度清晰的显示装置。

(3) 不锈钢水箱下部应用槽钢制作水平基座，水箱与槽钢之间须有防电化学腐蚀措施。

图 1.5-31 不锈钢水箱与槽钢基座防腐蚀处理工艺

6. 实例或示意图

实例或示意图见图 1.5-31。

1.5.9 设备机房管道穿墙、穿楼板处理

1. 适用范围

适用于设备机房内穿墙、楼板处管道与套管间隙的封堵处理。

2. 施工准备

（1）材料进场检验已合格。防火泥材料性能等应符合国家现行产品标准。

（2）施工方法已明确，技术交底已落实。

3. 质量要求

（1）机房内管道穿越墙体或楼板处应设钢制套管，钢制套管应与墙体饰面或楼板底部平齐，上部应高出楼层地面 20～50mm，且不得将套管作为管道支撑。保温管道的绝热层应连续不间断穿过套管，绝热层与套管之间应采用不燃材料填实，不应有空隙。

（2）钢制套管直径比保温管道直径大 50mm 左右，套管厚度不应小于 2mm。

（3）临时与永久固定套管时，均需保证套管与管道同心。

（4）防火泥填充套管内部，防火封堵应填塞密实。

4. 工艺流程

套管制作与安装→套管内部清理→防火泥填充套管内部→防火泥封口→安装装饰圈

5. 精品要点

（1）套管间隙均匀，防火泥封堵应平整、连续，接缝处均匀、无杂物残留。

（2）管道穿楼板处理：防火泥在套管口用腻子刀刮平，做成斜坡形状，宽度及坡度一致。

（3）管道穿墙处理：防火泥在套管口用腻子刀刮平，外粘装饰圈。

6. 实例或示意图

实例或示意图见图 1.5-32。

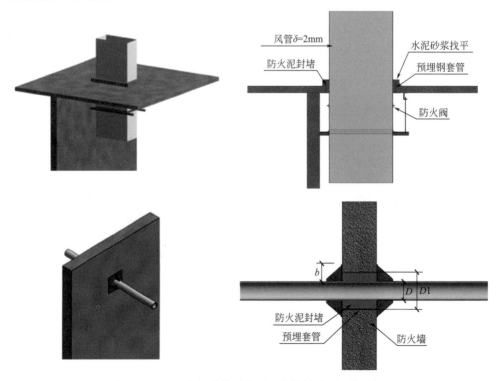

图 1.5-32　设备机房管道穿墙、穿楼板处理三维视图

1.5.10 设备机房压力表、温度计安装

1. 适用范围

适用于避难层设备房内压力表与温度计的安装。

2. 施工准备

（1）仪表进场检验已合格。

（2）施工方法已明确，技术交底已落实。

3. 质量要求

（1）压力表盘面无破损及污染，铅封完好。压力表量程应为工作压力的 1.5～2.5 倍，盘面规格适宜。

（2）压力表宜垂直安装，压力表的缓冲管及三通旋塞阀等应设置齐全。缓冲管无污染及锈蚀，接口无渗漏。

（3）温度计安装应便于观察、使用及维修，不易受到冲击损坏。安装在管道的套管温度计，底部应插入管道中部，不得装在引出的管段上或死弯处。

4. 工艺流程

1）压力表安装

测量口定位→管道开孔→孔口焊接接管→安装缓冲管及三通旋塞阀→安装压力表

2）温度计安装

测量口定位→管道开孔→孔口焊接接管→安装温度计

5. 精品要点

（1）同一设备房内压力表的三通旋塞阀安装方向一致，压力表、温度计等仪器仪表朝向统一，安装标高一致。同时便于观察、使用及维修。

（2）温度计与压力表在同一管道上安装时，按介质流动方向应在压力表下游处安装，如温度计需在压力表的上游安装时，其间距不应小于 300mm。

6. 实例或示意图

实例或示意图见图 1.5-33。

图 1.5-33 压力表、温度计等仪器仪表朝向统一，安装标高一致实例图

1.5.11　设备机房动力配电安装

1. 适用范围

适用于设备机房内动力配电系统的安装。

2. 施工准备

（1）材料进场检验已合格。

（2）施工部位环境满足作业条件。

（3）施工方法已明确，技术交底已落实。

（4）施工机具已齐备。

3. 质量要求

1）控制电箱（柜）安装

（1）控制柜安装：基础槽钢制作安装要下料准确，焊接牢固，油漆完整。控制柜和基础型钢用螺栓固定牢固，柜体及柜基础型钢应与PE排作有效连接。

（2）控制电箱（柜）入箱（柜）的导管排列整齐，出地面的高度一致，管口光滑，护口齐全，管口在穿完线后封堵严密。

（3）箱（柜）内配线整齐，标识清晰，有电气系统图。

（4）控制电箱（柜）内设N排、PE排，标识清晰，导线入排顺直、美观。

（5）金属线槽引入时，箱（柜）体开孔大小与线槽匹配，护口措施得当，且线槽与箱柜PE排作有效连接，并应作标识。

（6）成排控制电箱（柜）安装应布置合理，排列整齐、间距均匀、固定牢固、接地可靠。

2）金属线槽安装

（1）金属线槽起始端和终点端均应可靠接地。镀锌金属线槽本体之间不跨接保护联结导体时，连接板每端不应少于2个有防松螺母或防松垫圈的连接固定螺栓。非镀锌金属线槽本体之间连接板的两端应跨接保护联结导体，保护联结导体的截面积应符合设计要求。

（2）水平安装的支架间距为1.5～3m，垂直安装的支架间距不大于2m。采用金属吊架固定时，圆钢直径不得小于8mm，并应有防晃支架，在分支处或端部0.3～0.5m处应有固定支架。

（3）要自制弯通时要注意使用和线槽本体相同规格的材料，在拐角处要保留斜坡以保护线缆，拼接的弯通、拐弯应保证连接平顺。

（4）金属线槽的连接处不得设置于过楼板、墙壁处，不应设置于支吊架支撑处，应离支吊架100mm以上。

（5）金属线槽的接口应平整平滑无毛刺，接缝处应紧密平直；金属线槽间连接板螺栓固定紧固无遗漏，螺母位于桥架外侧。

3）刚性导管安装

（1）金属导管接地处理。镀锌的钢导管不得熔焊跨接接地线，采用螺纹连接时，连接处的两端用专用接地卡，跨接的两卡间连线为铜芯软导线，截面积不小于$4mm^2$。非镀锌钢导管采用螺纹连接时，连接处的两端焊跨接接地线。

（2）刚性导管支吊架安装。吊架与接线盒边缘间距为200mm。支吊架离线管弯曲中心为150～500mm。直径20mm的电线管吊架间距不大于1m。采用马鞍卡固定时，须与导管管径匹配。

（3）镀锌钢管和薄壁电线管应采用丝扣连接或套管紧固螺钉连接，非镀锌电线导管采用丝扣连接或套管焊接。丝扣连接时拧进丝扣长度宜接近1/2管接头的长度，不应少于5扣，外露丝扣应为2～3扣。

（4）紧定式、扣压式管线管路安装时连接顺直，无弯曲塌腰现象，紧定螺栓脖颈应拧断。

（5）明配的导管应排列整齐，固定点间距均匀，安装牢固。

（6）明配管进金属线槽、配电箱（柜）需做接地跨接。

4）配管进箱处理

对于明配导管，在距配电箱150～500mm处进行固定；箱体采用开孔器开孔，孔径与管径一致，开孔间距均匀，边沿间距不小于20mm；进入箱体的导管端部套丝，采用锁母固定，外露2～3扣；箱体与导管之间、箱体与装设电气部件的门之间采用4mm^{2}黄绿双色线（两端压接接线端子）进行接地连接。

5）柔性导管安装

（1）刚性导管经柔性导管与电气设备连接，柔性导管的长度在动力工程中不大于0.8m。

（2）可挠金属管或其他柔性导管与刚性导管或电气设备、器具间的连接采用专用接头，连接应牢固可靠。

（3）可挠性金属导管和金属柔性导管不能做接地（PE）的接续导体。

6）电气导管内配线

（1）电线穿管前，应先清除管内的积水和杂物。电线穿入钢导管口在穿线前应装设护线口；对不进入盒（箱）的管口，穿入电线后应将管口密封。

（2）不同回路、不同电压等级和交流与直流的电线，不应穿于同一导管内；同一交流回路的电线应穿于同一金属导管内，且管内电线不得有接头。

7）槽盒（桥架）敷线

（1）槽盒内电线的总截面面积（包括外护层）不应超过槽盒内截面面积的40%，载流的电线不宜超过30根。

当控制和信号等非电力线路在槽盒内敷设时，其总截面面积（包括外护层）不应大于槽盒内截面面积的50%，电线的根数可不限。

（2）在同一槽盒内的不同回路的塑料绝缘导线按回路绑扎成束，绑扎点间距不大于1.5m，在始端和导线引出部位挂标识牌，标明回路名称及编号。

（3）电线敷设在垂直的槽盒内，每段至少应有一个固定点，当直线段长度大于3.2m时，应每隔1.6m将电线固定在槽盒内壁的专用部件上。

4. 工艺流程

1）电箱安装工艺流程

施工准备→弹线定位→电箱安装→箱内接线校线→成品保护

2）电柜安装工艺流程

施工准备→基础型钢制作安装→电柜搬运吊装→柜体调整固定→柜内接线校线→成品保护

3）金属线槽安装

施工准备→线槽走向定位→支架制作安装→直线线槽安装→弯通线槽制作安装→线槽接地

4）暗配管安装工艺流程

施工准备→预制钢管煨弯→测定电箱（柜）、设备、槽盒位置→管线敷设和连接→地线跨接

5）明配管安装工艺流程

施工准备→预制支吊架→测定电箱（柜）、设备、槽盒位置→管线敷设和连接→地线跨接

6）配管进箱处理

导管排列固定→箱体开孔→箱管连接→接地

7）金属线槽与配电箱的连接

配电箱开孔→金属线槽与配电箱连接→接地

8）电线敷设

施工准备→选择导线→穿带线→清扫管路→带线与导线绑扎→管内穿线→导线连接→线路绝缘测试

9）电缆敷设

施工准备→电缆检查验收→电缆敷设→电缆排列固定→电缆头制作安装→电缆标识→电缆绝缘测试

5. 精品要点

（1）控制电箱（柜）安装应横平竖直，高度一致，固定牢靠，标识牌清晰。控制电箱（柜）导线按相序或用途分色一致，接线牢固，柜内配线整齐，相色、标识清晰，有电气系统图。开关、回路等标识清晰、规整。

（2）线槽安装横平竖直。金属线槽转弯处的弯曲半径，不小于桥架内电缆最小允许弯曲半径（10~20D）。金属线槽穿越机房墙体时，应进行防火封堵。

（3）暗配导管预埋位置正确，便于设备接线。

（4）明敷电线管排列顺直、整齐；固定点间距均匀，安装牢固。弯曲处不应有褶皱、凹穴和裂缝等现象，曲率半径不小于管外径的6倍。管卡与终端、弯头中点或柜、台、箱、盘等边缘的距离为150~500mm。

（5）套接紧定式钢导管（JDG）电线管路连接处，紧定部件的设置位置宜处于可视位置。

（6）槽盒、电箱内电缆（线）敷设排列整齐，转弯和绑扎规范。标识清楚，固定牢固。

6. 实例或示意图

实例或示意图见图1.5-34。

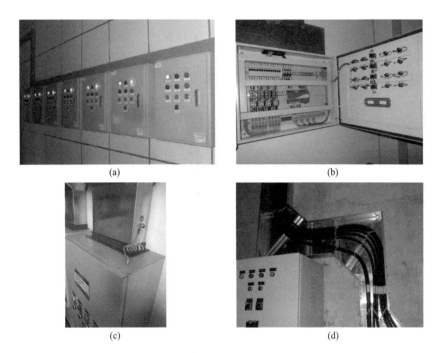

图 1.5-34　设备机房动力配电安装实例图

1.5.12　地面面层施工

1. 适用范围

适用于砂浆、混凝土、自流平地面的空气处理机房。

2. 施工准备

（1）材料进场检验已合格。

（2）施工方法已明确，技术交底已落实。

3. 质量要求

（1）砂浆、混凝土面层密实光洁、色泽一致，无起砂、空鼓、脱皮、麻面等现象，管根及边角部位处理细致。

（2）混凝土面层施工前一天应洒水湿润基层，浇筑前涂刷素水泥砂浆结合层。

（3）有地漏和坡度要求的，应按设计要求做好排水坡度。

（4）砂浆、混凝土地面完成 8～12h 内洒水养护，养护时间不少于 7d。

（5）地坪漆面层分层涂刷，厚度均匀，表面光滑平整，无漏涂或堆积现象。

4. 工艺流程

抄标高线→基层处理→安装预埋检查→抹灰饼→浇水润湿→水泥浆结合层→铺水泥砂浆或混凝土→木抹子搓平→铁抹子 2～3 遍压光→养护→细部处理→基层干燥→基层除尘及杂物→地坪漆涂刷→成品保护

5. 精品要点

（1）边角、管根等部位基层细部处理精细，边界清晰。

（2）地面排水坡向正确，排水坡度符合要求，排水通畅、无积水。

（3）地坪漆立面涂刷上返至踢脚线，高度一般为100～120mm。

（4）颜色分界部位粘贴美纹纸，防止交叉污染，保证分界线顺直、清晰。

6. 实例或示意图

实例或示意图见图1.5-35～图1.5-38。

图1.5-35　生活给水泵房自流平地面实例图（一）

(a)　　　　　　　　　　　　　　　　　　(b)

图1.5-36　生活给水泵房自流平地面实例图（二）

图1.5-37　消防泵房自流平地面实例图

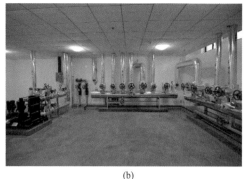

(a)   (b)

图 1.5-38 混凝土地面实例图

1.5.13 设备机房吸声墙顶安装

1. 适用范围

适用于产生机组运行噪声、风机运转噪声以及机械振动通过地面再辐射形成的噪声超过一定限值并对周边设施产生影响的设备用房。

2. 施工准备

（1）材料进场检验已合格。按设计要求选用龙骨、配件和面板等材料，材料品种、规格、质量符合设计要求。

（2）施工方法已明确，技术交底已落实。

（3）核实机房吊顶完成面高度和墙面完成面的界限。

（4）根据墙面、吊顶尺寸和材料形状与尺寸排板，必须满足排板要求。

3. 质量要求

（1）吊顶标高、尺寸、起拱和造型符合设计要求。

（2）准确弹线，经复验后方可进行下一道工序。

（3）吊杆和龙骨安装平整、垂直、牢固，其材质、规格、安装间距及连接方式符合设计要求。

（4）保证龙骨的整体刚度，受力节点装钉严密、牢固，采用 50mm 长钢排钉固定时，每个固定点不少于 4 点。

（5）面板安装稳固严密，面板与龙骨的搭接宽度大于龙骨受力面宽度的 2/3。

4. 工艺流程

施工准备→基层处理→排板弹线→安装吸声减振吊杆→安装龙骨→填充吸声棉和隔声毡→安装吸声饰面板（石膏板）

5. 精品要点

（1）面板立面平直，允许偏差为 3mm；表面平整，允许偏差为 2mm；阴阳角方正，允许偏差为 2mm；接缝直线度允许偏差为 2mm，接缝高低允许偏差为 1mm。

（2）减振器处于自然伸缩状态，保证吸声减振有效。

（3）吊顶、墙面与风机、发电机等设备有足够的运维距离。

（4）吊顶与排风管软接口严密，加设密封胶垫，采用中性硅酮结构密封胶，风管翻边处置得当。

（5）吊顶上的灯具、风口、喷淋头等设备布置合理、安装牢固、交接吻合严密，有防松脱装置和防振动措施。

（6）吊顶内的吸声材料品种和敷设厚度符合设计要求，并有防散落措施。

（7）面层材料洁净、色泽一致，无翘曲、裂缝和缺损，面板与龙骨搭接平整、吻合，压条平直、宽窄一致。

设备机房吸声墙顶三维视图见图 1.5-39。

图 1.5-39　设备机房吸声墙顶三维视图

6. 实例或示意图

实例或示意图见图 1.5-40。

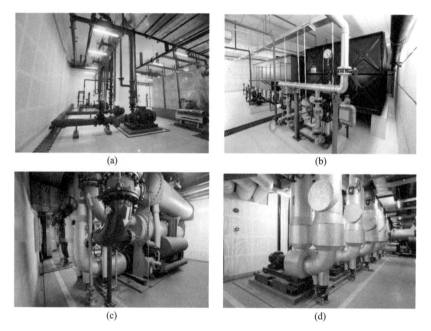

(a)　　　　　　　　　　(b)

(c)　　　　　　　　　　(d)

图 1.5-40　设备机房吸声墙顶安装实例图

1.5.14　设备机房标识制作及粘贴

1. 适用范围

适用于避难层设备区机房内管线及设备的标识。

2. 施工准备

（1）材料进场检验已合格。

（2）施工方法已明确，技术交底已落实。

3. 质量要求

1）标识内容要求

根据管线和设备系统设计所需的标识，标识内容应反映系统名称及编号、介质流向；标识形式包括颜色、色环、文字、箭头。

2）管道标识要求

（1）文字统一采用黑体加粗字，管径在 80～150mm 时，文字大小为 50～60mm 宽；管径大于 150mm 时，文字大小为 80～100mm 宽。箭头与文字间、文字与文字间间距不大于 1 个文字宽度，成排管道标识字体大小应一致。

（2）单根管道文字置于箭尾；成排水平管道介质流向不一致时，介质流向标识统一放在文字左侧；垂直成排管道介质流向不一致时，介质流向标识统一放在文字上方。竖向文字方向应自上而下，水平文字方向应自左向右。

（3）箭头大小及形式见表 1.5-2 及图 1.5-41。

（4）标识应标在宜观察部位。水平管道轴线距地小于 1.5m 时，标识在管道正上方；在 1.5～2.0m 时，标识在正视侧面；大于 2.0m 时，标识在底面或侧面。

3）风管/线槽标识要求

（1）字体用黑体加粗字，颜色为红色，风管/线槽宽度小于 200mm 时，字体宽度为 50～60mm；宽度大于等于 200mm 时，字体宽度为 100mm。箭头与文字间、文字与文字间间距不大于 1 个文字宽度，成排管道标识字体大小应一致。

（2）风管/线槽成排时标识应一致。竖向文字应自上而下，水平文字应自左向右。

（3）箭头大小及形式与管道相同，见表 1.5-2。

箭头大小尺寸对照表　　　　　　　　　　表 1.5-2

管径(mm)	L(mm)	$L2$	H	h
80～150	150～180	$1.5H$	箭尾/文字宽度	$0.5H$
250～280	250～280	$1.5H$	箭尾/文字宽度	$0.5H$

（4）标识应标在宜观察部位。垂直风管/线槽应标识在正面居中。水平风管/线槽高度小于 1.5m 时，标识在顶面；多层或高度在 1.5～2.0m 时，标识在侧面；大于 2.0m 时，标识在底面或侧面。

4）配电箱及开关、电缆标识要求

（1）箱（柜）体标识采用自喷漆喷涂或用不干胶纸粘贴方式进行标识，字体颜色为红色，文字宽度为 40～45mm，内容应反映箱（柜）用途。

（2）箱（柜）内开关采用背胶纸打印粘贴在空开上，应反映控制对象的名称。

（3）在电缆始末端、转弯处应设置标识，电气竖井桥架内每层每根电缆均应设置标识，标识牌应采用定型加工的 PVC 牌用尼龙扎带绑扎在电缆上。标识项目应直接打印在 PVC 牌上，标题采用黑色黑体 3 号字，内容采用 4 号字，成排挂牌方向应一致。

5）设备标识要求

（1）标识牌贴（挂）位置应醒目，标牌大小、高度应一致。

（2）标牌应采用背胶纸打印后粘贴在厚 3～4mm 的 PVC 板上。字体采用宽 30mm 的红色黑体加粗字。

（3）同一项目所有标识内的文字大小可以根据实际情况做适当的调整，但是样式应保持与规范一致。

6）喷漆或粘贴要求

前管道表面应清理干净、干燥。采用自喷漆时，喷涂应防止污染，周围应保护到位。

喷涂或粘贴要牢固、清晰，喷涂无流坠，粘贴无翘边。

4. 工艺流程

施工准备→标识统计（位置、数量、内容等）→样式确定→标识制作→标识安装→检查

5. 精品要点

（1）标识部位应选在宜观察、便于操作的直线段上，避开管件等部位，成排管道标识应整齐一致。

（2）垂直管道宜标识在朝向通道侧管道轴线中心，成排管道以满足标识高度的直线段最短管道为基准，依次标识。

（3）不同管径的管道成排成列布局，标识应根据管径大小取中间值，保证成排成列管道字体大小一致。

6. 实例或示意图

实例或示意图见图 1.5-41。

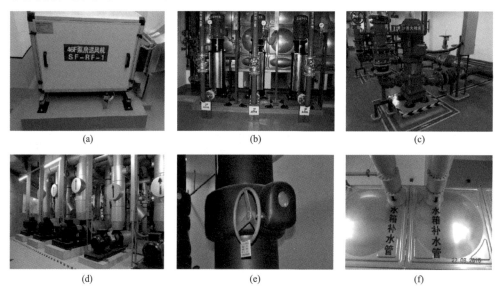

| (a) | (b) | (c) |
| (d) | (e) | (f) |

图 1.5-41 标识实例图

1.5.15 通风机房

1. 适用范围

适用于避难层通风机房通风设备及管线的施工。

2. 施工准备

（1）施工方案已批准，采用的技术标准、质量和安全控制措施文件齐全。

（2）设备及辅助材料进场检查和试验合格，设备安装说明已熟悉。

（3）基础验收已合格，并办理移交手续。

（4）运输道路畅通，安装部位清理干净，照明满足安装要求。

（5）安装施工机具已齐备，满足安装要求。

3. 质量要求

（1）机房内设备基础施工质量要求执行本章第 1.5 节第 1.5.2 条设备基础施工。

（2）通风机安装。

① 安装前应检查通风机叶片转动灵活、方向正确，机械部分无摩擦、松脱。

② 风机安装位置应正确，底座应水平。

③ 落地安装时，基础表面应无蜂窝、裂纹、麻面、露筋。通风机应固定在隔振底座上，底座尺寸应与基础大小匹配，中心线一致；隔振底座与基础之间应按设计要求设置减振装置。

④ 风机吊装时，吊架及减振装置应符合设计及产品技术文件的要求。

⑤ 防（排）烟风机应设置在专用机房内，且风机两侧应有 600mm 以上的空间，风机外壳至墙壁或其他设备的距离不应小于 600mm。

⑥ 通风机的外露传动装置、联轴器及直通大气的进出口必须装设防护网/罩。

（3）风机与风管连接应采用柔性短管连接，执行本章第 1.5 节第 1.5.4 条风机柔性短管制作安装。

（4）通风管道制作安装质量要求执行本章第 1.5 节第 1.5.3 条设备机房通风管道制作安装。

（5）通风管道穿墙处理质量要求执行本章第 1.5 节第 1.5.5 条设备机房通风管道穿墙处理。

（6）设备机房动力配电安装质量要求执行本章第 1.5 节第 1.5.11 条设备机房动力配电安装。

（7）地面面层施工质量要求执行本章第 1.5 节第 1.5.12 条地面面层施工。

（8）机房内吸声墙顶施工质量要求执行本章第 1.5 节第 1.5.13 条设备机房吸声墙顶安装。

（9）设备机房标识制作及粘贴质量要求执行本章第 1.5 节第 1.5.14 条设备机房标识制作及粘贴。

4. 工艺流程

1）落地式通风设备机房安装流程

施工准备→设备基础施工（包括设备区浮动地台施工）→通风设备基础验收→通风设备进场检查→通风设备安装→机房内风管及部件安装→风机柔性短管制作安装→通风设备动力配电安装→（吸声墙顶安装）→设备及管线标识

2）吊装式通风设备机房安装流程

施工准备→通风设备进场检查→通风设备吊架制作安装→通风设备安装→机房内风管及部件安装→风机柔性短管制作安装→通风设备动力配电安装→（吸声墙顶安装）→设备及管线标识

5. 精品要点

（1）设备机房应通过二次深化设计，对设备、管道综合布局，要做到设备布置合理、固定可靠；各种管道排列有序，层次清晰，支架、接头成行成排；阀门排列整齐，介质流向清楚。

（2）通风设备、控制电柜（箱）外表面清洁、完好，结构无损坏。各设备、管线标识准确、清晰、齐全、牢固，字体大小相匹配。

（3）通风机安装应水平、端正、牢固，运行平稳。

① 多台通风设备安装时，排列整齐、层次分明。机组间的间距应合理并满足检修空间的需要。

② 落地安装时，设备基础应达到平正、规整美观，通风设备底座尺寸应与基础大小匹配且居中设置。通风设备应按设计要求设置减振器，各组减振器承受荷载的压缩量应均匀，不得偏心。

③ 通风机悬挂安装时，吊架形式合理且生根要牢固可靠，并应采用隔振吊架等有效的隔振措施。支架制作统一、安装一致，型钢朝向讲究、吊杆长度一致。通风机与横担固定牢固并有防松动措施，吊杆顺直与横担下方设两个螺母、上方设一个螺母并拧紧。

（4）风管连接应牢固、严密。法兰垫料无断裂、无扭曲，并在中间位置。

① 薄钢板法兰连接时，薄钢板法兰应与风管垂直、贴合紧密，四角采用螺栓固定且方向一致。

② 角钢法兰连接时，接口应无错位，角钢法兰的连接螺栓应均匀拧紧，螺母应在同一侧，螺栓应采用镀锌螺栓。

③ 风管采用螺杆内支撑加固时，支撑螺杆穿管板处的密封处理合理。风管采用角钢或加固筋加固时，排列整齐、均匀对称，其高度应小于或等于风管的法兰宽度。

④ 阀门安装必须方向正确、便于操作、启闭灵活。支吊架的设置不应影响阀门、自控机构的正常动作。

⑤ 消声器、静压箱等设备与金属风管连接时法兰应匹配，并设置独立吊架。

⑥ 风管支吊架安装应平正、顺直。

（5）风机柔性短管制作规范，接缝严密，无破损，并宜采用机械制作的成品柔性短管。柔性短管安装后应松紧适度，无开裂、扭曲现象。

（6）风管穿墙处理工艺精细、做法统一。风管与套管间隙均匀，防火泥封堵应平整、连续，装饰圈平直、紧粘墙面。

（7）通风机房内地面面层做工精细，宜为自流平地面。边角、管根等部位基层细部处理精细，边界清晰。地面面层颜色与机房匹配、统一。

（8）机房内电气管线/箱柜等布置合理、安装牢固、横平竖直、整齐美观、居中对称、成行成线、外表清洁、油漆光亮、标识清楚。

① 控制电箱（柜）导线按相序或用途分色一致，接线牢固，柜内配线整齐，相色、标识清晰，有电气系统图。开关、回路等标识清晰、规整。

② 线槽安装横平竖直。金属线槽转弯处的弯曲半径，不小于桥架内电缆最小允许弯曲半径（10～20D）。金属线槽穿越机房墙体时，应进行防火封堵。

③ 暗配导管预埋位置正确，便于设备接线。

④ 明敷电线管排列顺直、整齐；固定点间距均匀，安装牢固。弯曲处不应有褶皱、凹穴和裂缝等现象，曲率半径不小于管外径的 6 倍。管卡与终端、弯头中点或柜、台、箱、盘等边缘的距离为 150～500mm。

⑤ 套接紧定式钢导管（JDG）电线管路连接处，紧定部件的设置位置宜处于可视位置。

⑥ 槽盒、电箱内电缆（线）敷设排列整齐，转弯和绑扎规范。标识清楚，固定牢固。

6. 实例或示意图

实例或示意图见图 1.5-42。

图 1.5-42 吊装风柜安装三维视图

1.5.16 生活给水泵房

1. 适用范围

适用于避难层设备区生活给水泵房的施工。

2. 施工准备

(1) 施工方案已批准，采用的技术标准、质量和安全控制措施文件齐全。

(2) 设备及辅助材料进场检查和试验合格，设备安装说明已熟悉。

(3) 基础验收已合格，并办理移交手续。

(4) 运输道路畅通，安装部位清理干净，照明满足安装要求。

(5) 设备利用建筑结构作起吊、搬运的承力点时，应对建筑结构的承载能力进行核算，并应经设计单位或建设单位同意。

(6) 安装施工机具已齐备，满足安装要求。

3. 质量要求

(1) 设备基础施工。

① 水泵房若采用浮动地台，其施工质量要求执行本章第 1.5 节第 1.5.1 条设备区浮动地台施工。

② 水泵、水箱基础施工质量要求执行本章第 1.5 节第 1.5.2 条设备基础施工。

(2) 生活给水设备（水泵）安装。

① 混凝土基础的规格和尺寸应与水泵匹配，基础表面应平整，基础四周应有排水设施。

② 若要在设备基础预埋地脚螺栓，应采用可靠的固定措施确保位置准确，同时对螺栓应采取保护措施，不得碰坏螺栓丝扣。

③ 水泵减振装置应安装在水泵减振座下面，并应成对放置。

④ 给水气压水罐顶部至楼板或梁底的距离不小于 0.6m，四周应设检修通道，其宽度不宜小于 0.7m。

(3) 水泵配管安装。

① 水泵进出口均应设置软接头，并贴近设备安装，无偏口错位的现象。

② 水泵吸入管变径时，应做偏心变径管，管顶上平。

③ 水泵吸入管与泵体连接处，应设置可挠曲软接头。水泵吸水管及出水管应设独立的支吊架，其固定支架严禁设置在减振区域内。

④ 水泵配管段应按设计要求安装阀门。压力表和缓冲装置之间应安装旋塞。

⑤ 过滤器安装方向正确，清污口朝向合理并且便于修理、清洗。靠近地面安装时，应留出足够的维修空间。

（4）水箱及其配管安装质量要求执行本章第 1.5 节第 1.5.8 条设备机房水箱及其配管安装。

（5）泵房内金属管道安装。

① 泵房内金属管道支架制作安装质量要求执行本章第 1.5 节第 1.5.6 条设备机房金属管道支架制作安装。

② 泵房内金属管道安装质量要求执行本章第 1.5 节第 1.5.7 条设备机房金属管道安装。

（6）泵房内压力表安装执行本章第 1.5 节第 1.5.10 条设备机房压力表、温度计安装。

（7）泵房内通风系统安装质量要求执行本章第 1.5 节第 1.5.15 条通风机房。

（8）机电管线穿墙、穿楼板处理。

① 风管穿墙处理执行本章第 1.5 节第 1.5.5 条设备机房通风管道穿墙处理。

② 管道穿墙、穿楼板处理执行本章第 1.5 节第 1.5.9 条设备机房管道穿墙、穿楼板处理。

③ 金属线槽穿墙处理参照执行本章第 1.5 节第 1.5.5 条设备机房通风管道穿墙处理。

（9）泵房内动力配电安装。

① 泵房内动力配电安装质量要求执行本章第 1.5 节第 1.5.11 条设备机房动力配电安装。

② 泵房内电箱电柜上方有管道经过须增设防水措施。

（10）泵房内地面面层施工质量要求执行本章第 1.5 节第 1.5.12 条地面面层施工。

（11）泵房内吸音墙顶施工质量要求执行本章第 1.5 节第 1.5.13 条设备机房吸声墙顶安装。

（12）设备机房标识制作及粘贴质量要求执行本章第 1.5 节第 1.5.14 条设备机房标识制作及粘贴。

4. 工艺流程

施工准备→设备基础施工（包括设备区浮动地台施工）→水泵（水箱）设备基础验收→设备进场检查→水泵安装→水箱安装→水泵/水箱配管安装→机房内管道安装→管道与设备连接安装→机房内通风系统安装→设备动力配电安装→机电管线穿墙、穿楼板处理→地面面层施工→机房内吸声墙顶安装→设备及管线标识

5. 精品要点

（1）设备机房应通过二次深化设计，对设备、管道综合布局，要做到设备布置合理，固定可靠；各种管道排列有序，层次清晰，支架、接头成行成排，支架支承牢固，根部处理美观。阀门排列整齐，介质流向清楚。水泵周边有组织排水措施到位。

（2）水泵、水箱、控制电柜（箱）外表面清洁、完好，结构无损坏。各设备、管线标

识准确、清晰、齐全、牢固，字体大小相匹配。

（3）设备维修通道以及设备之间的距离满足操作及检修需要，一般情况下通道宽度不应小于600mm，且方便过滤器等设备检修清洗。

（4）水泵安装端正、牢固，减振措施合理，运行平稳，无渗漏现象。

① 设备基础应精工细作，并按设计要求设置减振器。设备基础规格和尺寸与机组匹配，基础表面平整，无蜂窝、裂纹、麻面和露筋。

② 水泵型钢基础安装平稳美观。型钢、预埋件等金属构件无锈蚀、面漆完好。

（5）水箱安装牢固可靠。

① 整体水箱型钢基础平直无变形。组装水箱美观整洁，接口严密，无渗漏。

② 水箱高低水位置标识清楚。

③ 不锈钢水箱下部应用槽钢制作水平基座，水箱与槽钢之间须有防电化学腐蚀措施。

④ 水箱外壁与建筑本体结构墙面或其他池壁之间的净距规范。

⑤ 生活饮用水水箱的人孔、通气管、溢流管应有防止生物进入水箱的措施。水箱泄水管和溢流管的排水应间接排水。

（6）机房内管道连接方式合理，连接严密；管道安装横平竖直、牢固，支架布置合理，落地支架的根部做防积水处理。

① 螺纹连接后管螺纹根部应有2~3扣的外露螺纹。多余的填料应清理干净，并做好外露螺纹的防腐处理。

② 焊接连接时，焊缝成形质量好，外壁应平齐；焊缝表面饱满平整成直线，焊波均匀，外观美观。

③ 沟槽连接管道在同一管段上安装的卡箍卡口与螺栓朝向一致。

④ 法兰对接平行、紧密，法兰之间缝隙均匀。法兰连接螺栓长度一致，螺杆外露长度应为螺杆直径的一半，同一法兰上的螺栓朝向一致。不锈钢法兰与碳钢连接螺栓间应有防腐蚀措施。

⑤ 支吊架与管道接口的距离应大于100mm。

（7）水泵房内压力表的三通旋塞阀安装方向一致，压力表朝向统一，安装标高一致。同时便于观察、使用及维修。

（8）机房内电气管线/箱柜等布置合理、安装牢固、横平竖直、整齐美观、居中对称、成行成线、外表清洁、油漆光亮、标识清楚。

① 控制电箱（柜）导线按相序或用途分色一致，接线牢固，柜内配线整齐，相色、标识清晰，有电气系统图。开关、回路等标识清晰、规整。

② 线槽安装横平竖直。金属线槽转弯处的弯曲半径，不小于桥架内电缆最小允许弯曲半径（10~20D）。金属线槽穿越机房墙体时，应进行防火封堵。

③ 暗配导管预埋位置正确，便于设备接线。

④ 明敷电线管排列顺直、整齐；固定点间距均匀，安装牢固。弯曲处不应有褶皱、凹穴和裂缝等现象，曲率半径不小于管外径的6倍。管卡与终端、弯头中点或柜、台、箱、盘等边缘的距离为150~500mm。

⑤ 套接紧定式钢导管（JDG）电线管路连接处，紧定部件的设置位置宜处于可视位置。

⑥ 槽盒、电箱内电缆（线）敷设排列整齐，转弯和绑扎规范。标识清楚，固定牢固。

（9）管线穿墙穿楼板处理工艺精细、做法统一。管线与套管间隙均匀，防火泥封堵应平整、连续。装饰圈平直、紧粘墙面。

（10）机房内通风系统安装。

① 通风机悬挂安装时，吊架形式合理且生根要牢固可靠，并应采用隔振吊架等有效的隔振措施。支架制作统一、安装一致，型钢朝向讲究、吊杆长度一致。通风机与横担固定牢固并有防松动措施，吊杆顺直与横担下方设两个螺母、上方设一个螺母并拧紧。

② 风机柔性短管制作规范，接缝严密，无破损，并宜采用机械制作的成品柔性短管。柔性短管安装后应松紧适度，无开裂、扭曲现象。

③ 风管连接应牢固、严密。

（11）机房内地面面层做工精细，宜为易于清洗且符合环保要求的地面。边角、管根等部位基层细部处理精细，边界清晰。地面面层颜色与机房匹配、统一。

6. 实例或示意图

实例或示意图见图 1.5-43～图 1.5-46。

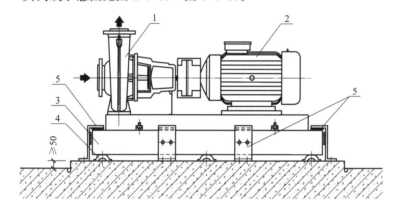

编号	名称
1	水泵
2	电机
3	减振台座
4	减振器
5	合座限位器

图 1.5-43 主视图

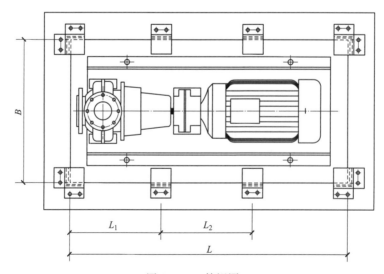

图 1.5-44 俯视图

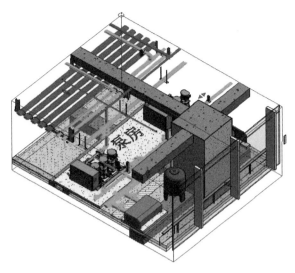

图 1.5-45　消防水泵房

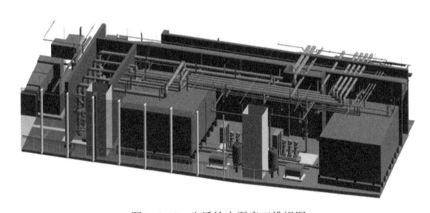

图 1.5-46　生活给水泵房三维视图

1.5.17　消防泵房

1. 适用范围

适用于避难层设备区消防泵房的施工。

2. 施工准备

（1）施工方案已批准，采用的技术标准、质量和安全控制措施文件齐全。

（2）设备及辅助材料进场检查和试验合格，设备安装说明已熟悉。

（3）基础验收已合格，并办理移交手续。

（4）运输道路畅通，安装部位清理干净，照明满足安装要求。

（5）设备利用建筑结构作起吊、搬运的承力点时，应对建筑结构的承载能力进行核算，并应经设计单位或建设单位同意。

（6）安装施工机具已齐备，满足安装要求。

3. 质量要求

（1）设备基础施工。

① 水泵房若采用浮动地台，其施工质量要求执行本章第 1.5 节第 1.5.1 条设备区浮动地台施工。

② 水泵、水箱基础施工质量要求执行本章第 1.5 节第 1.5.2 条设备基础施工。

（2）消防水泵安装。

① 消防水泵机组的布置：相邻两个机组及机组至墙壁间的净距，当电机容量小于 22kW 时，不宜小于 0.60m；当电动机容量不小于 22kW 且不大于 55kW 时，不宜小于 0.8m；当电动机容量大于 55kW 且小于 255kW 时，不宜小于 1.2m；当电动机容量大于 255kW 时，不宜小于 1.5m。当消防水泵就地检修时，应至少在每个机组一侧设消防水泵机组宽度加 0.5m 的通道，并应保证消防水泵轴和电动机转子在检修时能拆卸。

② 混凝土基础的规格和尺寸应与水泵匹配，基础表面应平整，基础四周应有排水设施。若要在设备基础预埋地脚螺栓，应采用可靠的固定措施确保位置准确，同时对螺栓应采取保护措施，不得碰坏螺栓丝扣。

③ 水泵减振装置应安装在水泵减振底座下面，并应成对放置。

（3）水泵配管安装。

① 水泵进出口均应设置软接头，并贴近设备安装，无偏口错位的现象。

② 水泵吸入管变径时，应做偏心变径管，管顶上平。

③ 水泵吸入管与泵体连接处，应设置可挠曲软接头。水泵吸水管及出水管应设独立的支吊架，其固定支架严禁设置在减振区域内。

④ 水泵配管段应按设计要求安装阀门。压力表和缓冲装置之间应安装旋塞。

⑤ 过滤器安装方向正确，清污口朝向合理并且便于修理、清洗。靠近地面安装时，应留出足够的维修空间。

（4）湿式报警阀组安装。

① 水源控制阀、报警阀与配水干管的连接，应使水流方向一致。水源控制阀安装应便于操作，且应有明显启闭标识和可靠的锁定设施。

② 报警阀组应安装在便于操作的明显位置，距室内地面高度宜为 1.2m；两侧与墙的距离不应小于 0.5m；正面与墙的距离不应小于 1.2m；报警阀组凸出部位之间的距离不应小于 0.5m。

③ 压力表应安装在报警阀上便于观测的位置。排水管和试验阀应安装在便于操作的位置。

④ 成排湿式报警阀组安装，水源控制阀、报警阀、压力表、压力开关、延时器、固定支架等安装高度应整齐一致，间隔均匀。

⑤ 安装报警阀组的室内地面应有排水设施，泄水管应接至排水沟内。

（5）水力警铃安装。

① 水力警铃应安装在公共通道或值班室附近的外墙上，且应安装检修、测试用的阀门。

② 水力警铃和报警阀的连接应采用热镀锌钢管，当镀锌钢管的公称直径为 20mm 时，其长度不宜大于 20m。

③ 安装后的水力警铃启动时，警铃声强度应不小于 70dB。

（6）水箱安装质量要求执行本章第 1.5 节第 1.5.8 条设备机房水箱及其配管安装。

（7）泵房内金属管道安装。

① 泵房内金属管道支架制作安装质量要求执行本章第1.5节第1.5.6条设备机房金属管道支架制作安装。

② 泵房内金属管道安装质量要求执行本章第1.5节第1.5.7条设备机房金属管道安装。

（8）泵房内压力表安装执行本章第1.5节第1.5.10条设备机房压力表、温度计安装。

（9）泵房内通风系统安装质量要求执行本章第1.5节第1.5.15条通风机房。

（10）机电管线穿墙、穿楼板处理。

① 风管穿墙处理执行本章第1.5节第1.5.5条设备机房通风管道穿墙处理。

② 管道穿墙、穿楼板处理执行本章第1.5节第1.5.9条设备机房管道穿墙、穿楼板处理。

③ 金属线槽穿墙处理参照执行本章第1.5节第1.5.5条设备机房通风管道穿墙处理。

（11）泵房内动力配电安装。

① 泵房内动力配电安装质量要求执行本章第1.5节第1.5.11条设备机房动力配电安装。

② 消防水泵控制柜设置在专用消防水泵控制室时，其防护等级不应低于IP30；与消防水泵设置在同一空间时，其防护等级不应低于IP55。当不能满足以上要求，且消防控制柜（屏）的上方有法兰接口、沟槽接口的各类充水管道经过时，应有防止水侵入消防电气控制柜的措施。

（12）泵房内地面面层施工质量要求执行本章第1.5节第1.5.12条地面面层施工。

（13）泵房内吸声墙顶施工质量要求执行本章第1.5节第1.5.13条设备机房吸声墙顶安装。

（14）设备机房标识制作及粘贴质量要求执行本章第1.5节第1.5.14条设备机房标识制作及粘贴。

4. 工艺流程

施工准备→设备基础施工（包括设备区浮动地台施工）→水泵（水箱）设备基础验收→设备进场检查→水泵安装→水箱安装→水泵/水箱配管安装→湿式报警阀组及水力警铃安装→机房内管道安装→管道与设备连接安装→机房内通风系统安装→设备动力配电安装→机电管线穿墙、穿楼板处理→地面面层施工→机房内吸声墙顶安装→设备及管线标识

5. 精品要点

（1）设备机房应通过二次深化设计，对设备、管道综合布局，要做到设备布置合理，固定可靠；各种管道排列有序，层次清晰，支架、接头成行成排，支架支承牢固，根部处理美观。阀门排列整齐，介质流向清楚。水泵周边有组织排水措施到位。

（2）水泵、水箱、控制电柜（箱）外表面清洁、完好，结构无损坏。各设备、管线标识准确、清晰、齐全、牢固，字体大小相匹配。

（3）设备维修通道以及设备之间的距离满足操作及检修需要，消防水泵房的主要通道宽度不应小于1.2m，且方便过滤器等设备检修清洗。

（4）水泵安装端正、牢固，减振措施合理，运行平稳，无渗漏现象。

① 设备基础应精工细作，并按设计要求设置减振器。设备基础规格和尺寸与机组匹

配，基础表面平整，无蜂窝、裂纹、麻面和露筋。

② 水泵型钢基础安装平稳美观。型钢、预埋件等金属构件无锈蚀、面漆完好。

（5）水箱安装牢固可靠。

① 整体水箱型钢基础平直无变形。组装水箱美观整洁，接口严密，无渗漏。

② 水箱高低水位置标识清楚。

③ 不锈钢水箱下部应用槽钢制作水平基座，水箱与槽钢之间须有防电化学腐蚀措施。

④ 水箱外壁与建筑本体结构墙面或其他池壁之间的净距规范。

⑤ 消防水箱的人孔、通气管、溢流管应有防止生物进入水箱的措施。水箱泄水管和溢流管的排水应间接排水。

（6）湿式报警阀组安装。

① 成排湿式报警阀组安装，水源控制阀、报警阀、压力表、压力开关、延时器、固定支架等安装高度应整齐一致，间隔均匀。

② 安装报警阀组的室内地面应有排水设施，泄水管应接至排水沟内。

（7）水力警铃安装。

成排水力警铃安装，警铃、连接管道及固定支架安装高度应整齐划一，共用支架，管道横平竖直、间距一致。

（8）与水力警铃连接的泄水管应接至排水沟内。

① 螺纹连接后管螺纹根部应有 2～3 扣的外露螺纹。多余的填料应清理干净，并做好外露螺纹的防腐处理。

② 沟槽连接管道在同一管段上安装的卡箍卡口与螺栓朝向一致。

·③ 法兰对接平行、紧密，法兰之间缝隙均匀。法兰连接螺栓长度一致，螺杆外露长度应为螺杆直径的一半，同一法兰上的螺栓朝向一致。

④ 支吊架与管道接口的距离应大于 100mm。

（9）水泵房内压力表的三通旋塞阀安装方向一致，压力表朝向统一，安装标高一致，同时便于观察、使用及维修。

（10）机房内电气管线/箱柜等布置合理、安装牢固、横平竖直、整齐美观、居中对称、成行成线、外表清洁、油漆光亮、标识清楚。

① 控制电箱（柜）导线按相序或用途分色一致，接线牢固，柜内配线整齐，相色、标识清晰，有电气系统图。开关、回路等标识清晰、规整。

② 线槽安装横平竖直。金属线槽转弯处的弯曲半径，不小于桥架内电缆最小允许弯曲半径（10～20D）。金属线槽穿越机房墙体时，应进行防火封堵。

③ 暗配导管预埋位置正确，便于设备接线。

④ 明敷电线管排列顺直、整齐；固定点间距均匀，安装牢固。弯曲处不应有褶皱、凹穴和裂缝等现象，曲率半径不小于管外径的 6 倍。管卡与终端、弯头中点或柜、台、箱、盘等边缘的距离为 150～500mm。

⑤ 套接紧定式钢导管（JDG）电线管路连接处，紧定部件的设置位置宜处于可视位置。

⑥ 槽盒、电箱内电缆（线）敷设排列整齐，转弯和绑扎规范。标识清楚，固定牢固。

（11）管线穿墙穿楼板处理工艺精细、做法统一。管线与套管间隙均匀，防火泥封堵应平整、连续。装饰圈平直、紧粘墙面。

（12）机房内通风系统安装。

① 通风机悬挂安装时，吊架形式合理且生根要牢固可靠，并应采用隔振吊架等有效的隔振措施。支架制作统一、安装一致，型钢朝向讲究、吊杆长度一致。通风机与横担固定牢固并有防松动措施，吊杆顺直与横担下方设两个螺母、上方设一个螺母并拧紧。

② 风机柔性短管制作规范，接缝严密，无破损，并宜采用机械制作的成品柔性短管。柔性短管安装后应松紧适度，无开裂、扭曲现象。

③ 风管连接应牢固、严密。

（13）机房内的地面和设备基座应采用易于清洗的面层；机房内应设置给水与排水设施，满足水系统冲洗、排污要求。

（14）柔性软管接头防脱落措施——热缩管。

针对压力开关、信号蝶阀等器具进线孔过小造成柔性软管专用接头无法使用或易脱落的通病，通过改变进线孔位置、增设接线盒的方式确保专用接头连接牢固；柔性包塑金属软管接头处采用热缩管加固的防脱落措施。

（15）304 不锈钢可弯曲电导管的应用。

信号模块与信号蝶阀、压力开关等之间宜采用可弯曲金属电导管或不锈钢穿线软管以保持管线平顺，通过改变接口位置或加设接线盒保证软管专用接头连接牢固。

6. 实例或示意图

实例图见图 1.5-47。

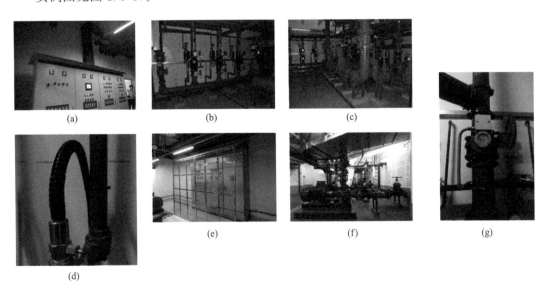

图 1.5-47　消防泵房安装实例图

1.5.18　制冷机房

1. 适用范围

适用于避难层设备区制冷机房的施工。

2. 施工准备

（1）施工方案（包括吊装方案）已批准，采用的技术标准、质量和安全控制措施文件齐全。

（2）设备及辅助材料进场检查和试验合格，设备安装说明已熟悉。

（3）基础验收已合格，并办理移交手续。

（4）运输道路畅通，安装部位清理干净，水源、电源、照明满足设备安装要求。

（5）设备利用建筑结构作起吊、搬运的承力点时，应对建筑结构的承载能力进行核算，并应经设计单位或建设单位同意。

（6）安装施工机具已齐备，满足安装要求。

3. 质量要求

（1）设备基础施工。

① 水泵房若采用浮动地台，其施工质量要求执行本章第1.5节第1.5.1条设备区浮动地台施工。

② 水泵、水箱基础施工质量要求执行本章第1.5节第1.5.2条设备基础施工。

（2）制冷机组安装。

① 混凝土基础的规格和尺寸应与机组匹配，基础表面应平整，基础四周应有排水设施。基础位置应满足操作及检修的空间要求。

② 机组运输和吊装应核实设备与运输通道的尺寸，保证设备运输通道畅通；设备应运输平稳，并采取防振、防滑、防倾斜等安全保护措施；采用的吊具应能承受吊装设备的整个重量，吊索与设备接触部位，应衬垫软质材料。

③ 机组安装位置应正确、水平。采用减振器的设备，其减振器安装位置和数量应正确，每个减振器的压缩量应均匀一致，偏差不应大于2mm。

（3）制冷机组配管安装。

① 机组与管道连接应在管道冲（吹）洗合格后进行。

② 与机组连接的管路上应按设计及产品技术文件的要求安装过滤器、阀门、部件、仪表等，位置应正确、排列应规整。

③ 机组与管道连接时，应设置软接头，水泵吸水管及出水管应设独立的支吊架，其固定支架严禁设置在减振区域内。

④ 与机组进出口连接的管道应有足够的水平直管段安装水流开关、压力表、温度计等附件。与机组进出口连接的管道低位有排水措施。

（4）空调水泵安装。

① 混凝土基础的规格和尺寸应与水泵匹配，基础表面应平整，基础四周应有排水设施。若要在设备基础预理地脚螺栓，应采用可靠的固定措施确保位置准确，同时对螺栓应采取保护措施，不得碰坏螺栓丝扣。

② 卧式空调水泵隔振基座采用型钢制作加钢筋混凝土浇筑，隔振基座高度按水泵重量的2～5倍计算确定。

③ 卧式空调水泵的联轴器处应装设防护罩。

（5）空调水泵配管安装。

① 水泵进出口均应设置软接头，并贴近设备安装，无偏口错位的现象。

② 吸入管靠近水泵入口处,应有不小于 2 倍管径的直管段,吸入口不应直接安装弯头。

③ 水泵吸入管变径时,应做偏心变径管,管顶上平。

④ 水泵吸入管与泵体连接处,应设置可挠曲软接头,不宜采用金属软管。

⑤ 水泵吸水管及出水管应设独立的支吊架,其固定支架严禁设置在减振区域内。

⑥ 水泵配管段应按设计要求安装阀门、过滤器,过滤器安装方向正确,清污口朝向合理并且便于修理、清洗。

(6) 机房内静置设备安装(水处理器、集分水器、水软化设备、热交换器)。

① 静置设备基础平正美观,支架或底座无锈蚀、面漆光滑,设备支架或底座与基础接触紧密,固定牢固可靠。

② 冷冻水系统内的静置设备与支座间有可靠、牢固的防冷桥措施,绝热衬垫安装平正、贴实严密。

③ 分/集水器配管合理,管道排列整齐、标识明确。分/集水器应设置泄水管,冷冻水泄水管保温应过阀门 150mm 处。

④ 热交换器安装平整牢固,间距均匀,保温严密美观。板式热交换器进出水管低位设有排水措施。板式热交换器的压力、温度仪表朝向一致。

⑤ 软水处理装置安装平稳牢固,干净无污染,软化出水管上应设置水质检测用取水口。

(7) 机房内金属管道安装。

① 泵房内金属管道支架制作安装质量要求执行本章第 1.5 节第 1.5.6 条设备机房金属管道支架制作安装。

② 机房内金属管道安装质量要求执行本章第 1.5 节第 1.5.7 条设备机房金属管道安装。

(8) 机房内压力表、温度计安装执行本章第 1.5 节第 1.5.10 条设备机房压力表、温度计安装。

(9) 机房内通风系统安装质量要求执行本章第 1.5 节第 1.5.15 条通风机房。

(10) 机电管线穿墙、穿楼板处理。

① 风管穿墙处理执行本章第 1.5 节第 1.5.5 条设备机房通风管道穿墙处理。

② 管道穿墙、穿楼板处理执行本章第 1.5 节第 1.5.9 条设备机房管道穿墙、穿楼板处理。

③ 金属线槽穿墙处理参照执行本章第 1.5 节第 1.5.5 条设备机房通风管道穿墙处理。

(11) 机房内动力配电安装。

① 泵房内动力配电安装质量要求执行本章第 1.5 节第 1.5.11 条设备机房动力配电安装。

② 机房内电箱电柜上方有管道经过须增设防水措施。

(12) 机房内地面面层施工质量要求执行本章第 1.5 节第 1.5.12 条地面面层施工。

(13) 机房内吸声墙顶施工质量要求执行本章第 1.5 节第 1.5.13 条设备机房吸声墙顶安装。

(14) 设备机房标识制作及粘贴质量要求执行本章第 1.5 节第 1.5.14 条设备机房标识

制作及粘贴。

4. 工艺流程

1）制冷机组安装

基础验收→机组运输吊装→机组就位安装→机组配管→质量检查

2）空调水泵安装

基础验收→水泵隔振基座制作安装→水泵就位安装→水泵配管→质量检查

3）制冷机房施工

施工准备→设备基础施工（包括设备区浮动地台施工）→设备基础验收→设备进场检查→设备（制冷机组，水泵、分/集水器等）运输吊装→设备（制冷机组，水泵、分/集水器等）就位安装→设备配管安装→机房内管道安装→机房内通风系统安装→设备动力配电安装→机电管线穿墙、穿楼板处理→地面面层施工→机房内吸声墙顶安装→设备及管线标识

5. 精品要点

（1）设备机房应通过二次深化设计，对设备、管道综合布局，要做到设备布置合理，固定可靠；各种管道排列有序，层次清晰，支架、接头成行成排，支架支承牢固，根部处理美观。阀门排列整齐，介质流向清楚。水泵周边有组织排水措施到位。

（2）水泵、水箱、控制电柜（箱）外表面清洁、完好，结构无损坏。各设备、管线标识准确、清晰、齐全、牢固，字体大小相匹配。

（3）设备维修通道以及设备之间的距离满足操作及检修需要，机房的主要通道宽度不应小于1.5m，且方便过滤器等设备检修清洗。

（4）制冷机组。

① 设备基础应精工细作，并按设计要求设置减振器。设备基础规格和尺寸与机组匹配，基础表面平整，无蜂窝、裂纹、麻面和露筋。

② 同规格机组成排安装时排列整齐、间距均匀。

③ 采用弹簧减振器时，应设有防止机组运行时发生水平位移的定位装置。

（5）空调水泵安装端正、牢固，减振措施合理，运行平稳，无渗漏现象。

① 设备基础应精工细作，并按设计要求设置减振器。设备基础规格和尺寸与机组匹配，基础表面平整，无蜂窝、裂纹、麻面和露筋。

② 水泵型钢基础安装平稳美观。型钢、预埋件等金属构件无锈蚀、面漆完好。

（6）静置设备（分/集水器，热交换器）安装平正、牢固，接管正确顺直，保温拼接严密、美观。配管合理，管道排列整齐、标识明确。

（7）机房内管道连接方式合理、连接严密；管道安装横平竖直、牢固，支架布置合理，落地支架的根部做防积水处理。

① 螺纹连接后管螺纹根部应有2～3扣的外露螺纹。多余的填料应清理干净，并做好外露螺纹的防腐处理。

② 沟槽连接管道在同一管段上安装的卡箍卡口与螺栓朝向一致。

③ 法兰对接平行、紧密，法兰之间缝隙均匀。法兰连接螺栓长度一致，螺杆外露长度应为螺杆直径的一半，同一法兰上的螺栓朝向一致。

④ 支吊架与管道接口的距离应大于100mm。

（8）水泵房内压力表的三通旋塞阀安装方向一致，压力表朝向统一，安装标高一致。同时便于观察、使用及维修。

（9）机房内电气管线/箱柜等布置合理、安装牢固、横平竖直、整齐美观、居中对称、成行成线、外表清洁、油漆光亮、标识清楚。

① 控制电箱（柜）导线按相序或用途分色一致，接线牢固，柜内配线整齐，相色、标识清晰，有电气系统图。开关、回路等标识清晰、规整。

② 线槽安装横平竖直。金属线槽转弯处的弯曲半径，不小于桥架内电缆最小允许弯曲半径（10～20D）。金属线槽穿越机房墙体时，应进行防火封堵。

③ 暗配导管预埋位置正确，便于设备接线。

④ 明敷电线管排列顺直、整齐；固定点间距均匀，安装牢固。弯曲处不应有褶皱、凹穴和裂缝等现象，曲率半径不小于管外径的 6 倍。管卡与终端、弯头中点或柜、台、箱、盘等边缘的距离为 150～500mm。

⑤ 套接紧定式钢导管（JDG）电线管路连接处，紧定部件的设置位置宜处于可视位置。

⑥ 槽盒、电箱内电缆（线）敷设排列整齐，转弯和绑扎规范。标识清楚，固定牢固。

（10）管线穿墙穿楼板处理工艺精细、做法统一。管线与套管间隙均匀，防火泥封堵应平整、连续。装饰圈平直、紧粘墙面。

（11）机房内通风系统安装。

① 通风机悬挂安装时，吊架形式合理且生根要牢固可靠，并应采用隔振吊架等有效的隔振措施。支架制作统一、安装一致、型钢朝向讲究、吊杆长度一致。通风机与横担固定牢固并有防松动措施，吊杆顺直与横担下方设两个螺母、上方设一个螺母并拧紧。

② 风机柔性短管制作规范，接缝严密，无破损，并宜采用机械制作的成品柔性短管。柔性短管安装后应松紧适度，无开裂、扭曲现象。

③ 风管连接应牢固、严密。

（12）机房内地面面层做工精细，宜为自流平地面。边角、管根等部位基层细部处理精细，边界清晰。地面面层颜色与机房匹配、统一。

（13）冷冻机房、水泵房由于空间各类管线较多，致使照明灯具的光照受到遮蔽，设备机房照度受到影响，不能满足设备维修保养等使用要求时，可采用改变灯具位置及高度、利用管道支吊架做支撑等措施，确保一般照明及事故照明照度满足设计要求、布置美观。

（14）空调水系统中管道系统的最低点，应配置 DN25 泄水管并安装同口径闸阀，管道系统的最高点应配置公称直径 DN20 自动排气阀和同口径闸阀。

每台水泵的进水管上应安装闸阀或蝶阀、压力表和 Y 形过滤器，出水管上应安装缓闭止回阀、闸阀或蝶阀、压力表及温度计，与水泵相连接的进出水管上还应安装减振软接头。

所有阀门的位置，应设置在便于操作与维修的部位，阀柄不宜向下。

（15）冷冻机组、板式换热器等机组供回水管路配管时，应根据其进出口位置的排布、机组接口端空间大小进行合理布置。可采用 90°、135°弯头竖向分列布置，保温后管路之间间距应均匀。垂直管路上的阀门、阀件、各类仪表排布有序、位置高度一致。

制冷机组配管安装见图 1.5-48，机房照片实例见图 1.5-49。

图 1.5-48　制冷机组配管安装　　　　　　图 1.5-49　机房照片实例

6. 实例或示意图

实例或示意图见图 1.5-50～图 1.5-52。

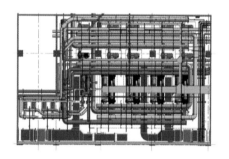

图 1.5-50　制冷机房管线布置图

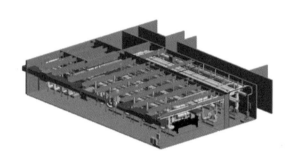

图 1.5-51　制冷机房接管图

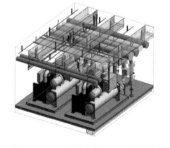

图 1.5-52　制冷机房三维视图

1.5.19　高低压电房

1. 适用范围

适用于避难层设备区配电房的施工。

2. 施工准备

（1）施工方案（包括吊装方案）已批准，采用的技术标准、质量和安全控制措施文件齐全。

（2）设备及辅助材料进场检查和试验合格，设备安装说明已熟悉。

（3）基础验收已合格，并办理移交手续。

（4）运输道路畅通，安装部位清理干净，电源、照明满足设备安装要求。

（5）设备利用建筑结构作起吊、搬运的承力点时，应对建筑结构的承载能力进行核算，并应经设计单位或建设单位同意。

（6）安装施工机具已齐备，满足安装要求。

3. 质量要求

（1）配电柜安装。

① 基础槽钢制作安装要下料准确，焊接牢固，油漆完整。

② 配电柜与基础型钢间应用镀锌螺栓固定牢固，且防松零件应齐全。

③ 配电柜安装垂直度允许偏差不应大于 1.5‰，相互间接缝不应大于 2mm，成列盘面偏差不应大于 5mm。

④ 配电柜的金属框架及基础型钢应与保护导体可靠连接，柜体及柜基础型钢应与 PE 排作有效连接。对于装有电器的可开启门，门和金属框架的接地端子间应选用截面积不小于 $4mm^2$ 的黄绿色绝缘铜芯软导线连接，并应有标识。

⑤ 配电柜内配电装置应有可靠的防电击保护。

⑥ 手车、抽屉式式成套配电柜推拉应灵活，无卡阻碰撞现象。动触头与静触头的中心线应一致，且触头接触应紧密，投入时，接地触头应先于主触头接触；退出时，接地触头应后于主触头脱开。

⑦ 配电柜上的标识器件应标明被控设备编号及名称或操作位置，接线端子应有编号，且清晰、工整、不易脱色。

⑧ 配电柜的进出口应做防火封堵并应封堵严密。

（2）插接母线安装。

① 插接母线组装前应对每段的绝缘电阻值进行测定，用 1000V 兆欧表摇测相间、相对地间的绝缘电阻值均应大于 20MΩ。

② 水平敷设时，底边距地面高度不宜小于 2.2m；除敷设在电气设备间及设备层外，垂直敷设时，距地面高 1.8m 及以下的部位应有防止机械损伤的保护措施。

③ 水平敷设时，母线支吊架间距合理均匀且符合产品技术文件的规定（一般不宜大于 2m），距拐弯 0.4~0.6m 处应设置支架，固定点位置不应设置在母线槽的连接处或分接单元处。

④ 垂直敷设支撑在楼板处应采取专用弹簧减振支撑，减振装置与插接母线垂直，其孔洞四周应设置高度为 50mm 及以上的防水台，并应采用防火封堵措施。吊杆上下备母，且下备双母，平弹垫齐全，母线与吊杆横担之间应采取压板固定的方式确保不移动。

⑤ 插接母线各段间连接应保持母线与母线对准、外壳与外壳对准，不应强行组装，不使母线或外壳受到额外应力。

⑥ 每段母线槽的金属外壳间应连接可靠，且母线槽全长与保护导体可靠连接不应少于 2 处。

⑦ 插接母线穿墙应防火封堵处理。

（3）变配电室明敷接地干线安装。

① 变配电室明敷接地干线采用热浸镀锌处理扁钢，采用搭接焊焊接连接，即扁钢与

扁钢搭接为扁钢宽度的 2 倍，不少于三面施焊。

② 接地扁钢转弯应平滑顺直，不能出现死弯。

③ 明敷接地干线沿建筑物墙壁水平敷设时，安装高度应符合设计要求（当设计没规定时距地面高度宜为 250～300mm）；与建筑物墙壁间的间隙为 10～20mm；在直线段上，不应有高低起伏及弯曲等现象。

④ 明敷的室内接地干线支持件应固定可靠，支持件间距应均匀，扁形导体支持件固定间距宜为 500mm；圆形导体支持件固定间距宜为 1000mm；弯曲部分宜为 0.3～0.5m。

⑤ 接地干线全长度或区间段及每个连接部位附近的表面，应涂以 15～100mm 宽度相等的黄色和绿色相间的条纹标识。条纹间距均匀一致，宽度一致。

⑥ 变压器室、高低压开关室内的接地干线应有不少于 2 处与接地装置引出干线连接。

⑦ 变配电室金属门铰链处的接地连接，应采用黄绿色绝缘铜芯软导线。

⑧ 接地干线引入到配电柜基础型钢时，应暗敷在地面内。当接地干线穿越门口时，宜暗敷在地面内。

（4）变配电室门口应设挡鼠板，高度不小于 400mm，不宜采用易燃材料。当挡鼠板为金属材料时，应采用黄绿色绝缘铜芯软导线同接地干线连接。

（5）线槽/梯架、刚性导管安装、槽盒（桥架）敷线安装质量要求执行本章第 1.5 节第 1.5.11 条设备机房动力配电安装。

（6）机房内通风系统安装质量要求执行本章第 1.5 节第 1.5.15 条通风机房。

（7）机房内机电管线穿墙、穿楼板处理

① 风管穿墙处理执行本章第 1.5 节第 1.5.5 条设备机房通风管道穿墙处理。

② 金属线槽穿墙处理参照执行本章第 1.5 节第 1.5.5 条设备机房通风管道穿墙处理。

（8）机房内地面面层施工质量要求执行本章第 1.5 节第 1.5.12 条地面面层施工。

（9）设备机房标识制作及粘贴质量要求执行本章第 1.5 节第 1.5.14 条设备机房标识制作及粘贴。

4. 工艺流程

1）配电柜安装

施工准备→基础型钢制作安装→电柜运输吊装→柜体就位及调整固定→母线、电缆压接→柜内配线校线→配电柜调试

2）金属线槽/梯架安装

施工准备→线槽走向定位→支架制作安装→直线线槽安装→弯通线槽制作安装→线槽接地

3）暗配管安装工艺流程

施工准备→预制钢管煨弯→测定电箱（柜）、设备、槽盒位置→管线敷设和连接→地线跨接

4）明配管安装工艺流程

施工准备→预制支吊架→测定电箱（柜）、设备、槽盒位置→管线敷设和连接→地线跨接

5）金属线槽/梯架与配电柜的连接

配电柜开孔→金属线槽与配电柜连接→接地

6）电缆敷设

施工准备→电缆检查验收→电缆敷设→电缆排列固定→电缆头制作安装→电缆标识→电缆绝缘测试

5. 精品要点

（1）配电柜安装应横平竖直，　　　　　　　　　清晰。成排配电柜安装应布置合理，排列整齐、间距均匀　　　　　　　　　

（2）母线安装顺直，支吊架　　　　　　　　　　靠。插接母线穿墙/楼板防火封堵处理精细。

（3）明敷的室内接地干线支　　　　　　　　应均匀且符合规范要求。变压器室、高压配电室的接地干线　　　　　接地用的接线柱或接地螺栓，预留接地专用螺栓应位于扁钢　

（4）线槽安装横平竖直。　　　　　　　　不小于桥架内电缆最小允许弯曲半径（10～20D）。金属线槽　　　　　　封堵。

（5）暗配导管预埋位置正　　　　　　　　

（6）明敷电线管排列顺直　　　　　　　装牢固。弯曲处不应有褶皱、凹穴和裂缝等现象，曲率半　　　　　与终端、弯头中点或柜、台、箱、盘等边缘的距离为150　　　　　

（7）槽盒、电箱内电缆　　　　　扎规范。标识清楚，固定牢固。

6. 实例或示意图

实例图见图1.5-53。

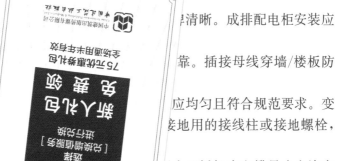

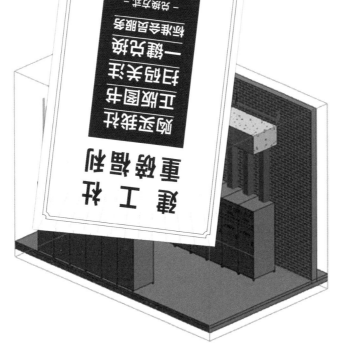

图1.5-53　高低压电房安装实例图

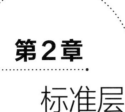

第2章
标准层

2.1 一般规定

（1）公共建筑标准层走道内的机电管线应在保证满足设计和使用功能的前提下进行管线综合平衡布置、科学合理排布管线，使各种管线的高度和走向合理美观。

（2）公共建筑标准层走道等管线集中区域宜布置综合支吊架，以提高管线布置的美观性及空间的综合利用率。

（3）公共建筑标准层走道机电管线按照整体排布合理、便于施工、满足检修的原则进行排布，最大限度提升走道净高空间。

（4）公共建筑标准层走道的安装施工务必追求使用上的便捷性、可靠性和适用性，外观上的美化性以及成本上的经济性。

（5）公共建筑标准层走道机电管线布置应遵守国家现行标准、规范、规程及具体工程设计要求。机电末端综合布置安全应符合国家现行有关标准规定，并满足功能要求。

（6）机电末端综合布置宜在材质、颜色、规格、样式、比例及安装位置、距离、角度、排布形式等方面与装饰效果的风格、色彩、比例、材质、完整性等相协调。

2.2 规范要求

2.2.1 《办公建筑设计标准》JGJ/T 67—2019

4.1.9 办公建筑的走道应符合下列规定：

1 宽度应满足防火疏散要求，最小净宽应符合表4.1.9的规定。

走道最小净宽 表4.1.9

走道长度（m）	走道净宽（m）	
	单面布房	双面布房
≤40	1.30	1.50
>40	1.50	1.80

注：高层内筒结构的回廊式走道净宽最小值同单面布房走道。

2 高差不足0.30m时，不应设置台阶，应设坡道，其坡度不应大于1∶8。

4.1.10 办公建筑的楼地面应符合下列规定：

1 根据办公室使用要求，开放式办公室的楼地面宜按家具或设备位置设置弱电和强电插座；

2 大中型电子信息机房的楼地面宜采用架空防静电地板。

4.1.11 办公建筑的净高应符合下列规定：

1 有集中空调设施并有吊顶的单间式和单元式办公室净高不应低于2.50m；

2 无集中空调设施的单间式和单元式办公室净高不应低于2.70m；

3 有集中空调设施并有吊顶的开放式和半开放式办公室净高不应低于2.70m；

4 无集中空调设施的开放式和半开放式办公室净高不应低于2.90m；

5 走道净高不应低于2.20m，储藏间净高不宜低于2.00m。

2.2.2 《综合医院建筑设计规范》GB 51039—2014

5.1.6 通行推床的通道，净宽不应小于2.40m。有高差者应用坡道相接，坡道坡度应按无障碍坡道设计。

5.1.7 50％以上的病房日照应符合现行国家标准《民用建筑设计通则》GB 50352的有关规定。

5.1.8 门诊、急诊和病房应充分利用自然通风和天然采光。

5.1.9 室内净高应符合下列要求：

1 诊查室不宜低于2.60m；

2 病房不宜低于2.80m；

3 公共走道不宜低于2.30m；

4 医技科室宜根据需要确定。

6.7.1 室内消火栓的布置应符合下列要求：

1 消火栓的布置应保证2股水柱同时到达任何位置，消火栓宜布置在楼梯口附近。

2 手术部的消火栓宜设置在清洁区域的楼梯口附近或走廊。必须设置在洁净区域时，应满足洁净区域的卫生要求。

3 护士站宜设置消防软管卷盘。

6.7.2 设置自动喷水灭火系统，应符合下列要求：

1 建筑物内除与水发生剧烈反应或不宜用水扑救的场所外，均应根据其发生火灾所造成的危险程度，及其扑救难度等实际情况设置洒水喷头；

2 病房应采用快速反应喷头；

3 手术部洁净和清洁走廊宜采用隐蔽型喷头。

2.2.3 《旅馆建筑设计规范》JGJ 62—2014

4.2.9 客房室内净高应符合下列规定：

1 客房居住部分净高，当设空调时不应低于2.40m；不设空调时不应低于2.60m；

2 利用坡屋顶内空间作为客房时，应至少有8m² 面积的净高不低于2.40m；

3 卫生间净高不应低于2.20m；

4 客房层公共走道及客房内走道净高不应低于2.10m。

4.2.10 客房门应符合下列规定：

1 客房入口门的净宽不应小于0.90m，门洞净高不应低于2.00m；

2 客房入口门宜设安全防范设施；

3 客房卫生间门净宽不应小于0.70m，净高不应低于2.10m；无障碍客房卫生间门净宽不应小于0.80m。

4.2.11 客房部分走道应符合下列规定：

1 单面布房的公共走道净宽不得小于1.30m，双面布房的公共走道净宽不得小于1.40m；

2 客房内走道净宽不得小于1.10m；

3 无障碍客房走道净宽不得小于1.50m；

4 对于公寓式旅馆建筑，公共走道、套内入户走道净宽不宜小于1.20m；通往卧室、起居室（厅）的走道净宽不应小于1.00m；通往厨房、卫生间、贮藏室的走道净宽不应小于0.90m。

2.2.4 《民用建筑设计统一标准》GB 50352—2019

6.3.3 建筑用房的室内净高应符合国家现行相关建筑设计标准的规定，地下室、局部夹层、走道等有人员正常活动的最低处净高不应小于2.0m。

2.2.5 《消防应急照明和疏散指示系统技术标准》GB 51309—2018

4.5 灯具安装

Ⅰ 一般规定

4.5.1 灯具应固定安装在不燃性墙体或不燃性装修材料上，不应安装在门、窗或其他可移动的物体上。

4.5.2 灯具安装后不应对人员正常通行产生影响，灯具周围应无遮挡物，并应保证灯具上的各种状态指示灯易于观察。

4.5.3 灯具在顶棚、疏散走道或通道的上方安装时，应符合下列规定：

1 照明灯可采用嵌顶、吸顶和吊装式安装。

2 标志灯可采用吸顶和吊装式安装；室内高度大于3.5m的场所，特大型、大型、中型标志灯宜采用吊装式安装。

3 灯具采用吊装式安装时，应采用金属吊杆或吊链，吊杆或吊链上端应固定在建筑构件上。

4.5.4 灯具在侧面墙或柱上安装时，应符合下列规定：

1 可采用壁挂式或嵌入式安装；

2 安装高度距地面不大于1m时，灯具表面凸出墙面或柱面的部分不应有尖锐角、毛刺等突出物，凸出墙面或柱面最大水平距离不应超过20mm。

4.5.5 非集中控制型系统中，自带电源型灯具采用插头连接时，应采用专用工具方可拆卸。

Ⅱ 照明灯安装

4.5.6 照明灯宜安装在顶棚上。

4.5.7 当条件限制时，照明灯可安装在走道侧面墙上，并应符合下列规定：

1 安装高度不应在距地面1m～2m之间；

2 在距地面1m以下侧面墙上安装时，应保证光线照射在灯具的水平线以下。

4.5.8 照明灯不应安装在地面上。

Ⅲ 标志灯安装

4.5.9 标志灯的标志面宜与疏散方向垂直。

4.5.10 出口标志灯的安装应符合下列规定：

1 应安装在安全出口或疏散门内侧上方居中的位置；受安装条件限制标志灯无法安装在门框上侧时，可安装在门的两侧，但门完全开启时标志灯不能被遮挡。

2 室内高度不大于3.5m的场所，标志灯底边离门框距离不应大于200mm；室内高度大于3.5m的场所，特大型、大型、中型标志灯底边距地面高度不宜小于3m，且不宜大于6m。

3 采用吸顶或吊装式安装时，标志灯距安全出口或疏散门所在墙面的距离不宜大于50mm。

4.5.11 方向标志灯的安装应符合下列规定：

1 应保证标志灯的箭头指示方向与疏散指示方案一致。

2 安装在疏散走道、通道两侧的墙面或柱面上时，标志灯底边距地面的高度应小于1m。

3 安装在疏散走道、通道上方时：

1）室内高度不大于3.5m的场所，标志灯底边距地面的高度宜为2.2m～2.5m；

2）室内高度大于3.5m的场所，特大型、大型、中型标志灯底边距地面高度不宜小于3m，且不宜大于6m。

4 当安装在疏散走道、通道转角处的上方或两侧时，标志灯与转角处边墙的距离不应大于1m。

5 当安全出口或疏散门在疏散走道侧边时，在疏散走道增设的方向标志灯应安装在疏散走道的顶部，且标志灯的标志面应与疏散方向垂直、箭头应指向安全出口或疏散门。

6 当安装在疏散走道、通道的地面上时，应符合下列规定：

1）标志灯应安装在疏散走道、通道的中心位置；

2）标志灯的所有金属构件应采用耐腐蚀构件或做防腐处理，标志灯配电、通信线路的连接应采用密封胶密封；

3）标志灯表面应与地面平行，高于地面距离不应大于3mm，标志灯边缘与地面垂直距离高度不应大于1mm。

4.5.12 楼层标志灯应安装在楼梯间内朝向楼梯的正面墙上，标志灯底边距地面的高度宜为2.2m～2.5m。

4.5.13 多信息复合标志灯的安装应符合下列规定：

1 在安全出口、疏散出口附近设置的标志灯，应安装在安全出口、疏散出口附近疏散走道、疏散通道的顶部；

2 标志灯的标志面应与疏散方向垂直、指示疏散方向的箭头应指向安全出口、疏散出口。

2.3 管理规定

（1）创建精品工程应以经济、适用、美观、节能环保及绿色施工为原则，做到策划先行，样板引路，过程控制，一次成优。

（2）质量策划、创优策划工作应全面、细致，从工程质量及使用功能等方面综合考虑，明确细部做法、统一质量标准，加强过程质量管控措施，确保质量的均衡性和一致性。

（3）深入熟悉各专业图纸，深刻理解设计理念，详尽了解管线的材质、规格、安装工艺、支吊架形式、注意事项等，掌握各专业管线的安装规范，确保深化设计成果符合设计规范和施工规范。

（4）在进行管线综合布置时要考虑墙、板、梁的厚度，吊顶做法及高度，进行现场复核、测量，防止电管线与土建结构发生冲突。

（5）采用BIM模型、图片、文字及现场样板交底相结合的方式进行全员交底，明确施工工序、质量要求及标准做法，以确保策划的有效落地。

（6）确保实现原始设计意图，实现业主及相关方的需求。深化设计应以原设计为依据，在事先和原设计师充分沟通的基础上进行图纸深化设计，深化设计完成后，报原设计认可后才能进入下道程序。

2.4 深化设计

2.4.1 深化原则

标准层走道、电梯厅是人员来往进出的主要公共通道，走道吊顶内集中了纵横交错的各类机电管线，走道吊顶平面与墙体立面布置有照明器具、喷头、广播等机电末端。楼层走道的机电深化设计应以甲方合同中的技术条款及甲方提供的施工图、相关国家规范、行业标准、标准图集、产品技术参数为依据，充分理解设计意图，熟悉各专业图纸，确定管线的路由和层高空间，方便管线布置与维修管理。同时，应根据各类公共建筑的建筑装饰装修风格与建筑特点，在确保功能性、安全性的基础上，与建筑装饰装修风格完美协调。

楼层走道机电管线深化涉及各专业的施工，并且与工艺、安全、经济、维护、建筑装饰与风格等各方面相关，深化内容包括吊顶内机电管线综合平衡、综合支吊架设置、吊顶及墙、地面的机电末端与装饰装修的协调布置。

2.4.2 深化顺序

熟悉各专业图纸→吊顶内干线系统优化→BIM 三维建模→调整管线位置、标高→BIM 三维及平面位置确定→综合支吊架设计及安装→机电末端优化布置

（1）楼层吊顶内综合管线深化前应熟悉各专业图纸，熟悉各机电系统管线的走向、外形尺寸，了解图纸设计标高、现场的建筑和结构情况、装修要求等内容。

（2）对吊顶内机电主干线按照相关规程规范要求结合土建结构进行初步规划。

（3）为达到最大化利用吊顶内空间，科学有序布置管线位置的目的，首先通过 CAD 软件在二维平面上对管道安装位置预排布，基本确定出各专业管线位置；然后利用 BIM 技术进行建模，在三维空间下对管道位置进行校核，以确定出最优方案。

（4）BIM 三维建模。根据各专业设计图纸，在三维模型中绘出管线；查看各专业管线之间是否有交叉碰撞等现象；最后综合考虑各专业管线功能，综合支架、施工顺序、桥架穿线、检修等情况确定走廊中各管线标高及间距。

（5）根据管线综合平衡结果，进行综合支吊架设计与施工。

（6）机电干线系统优化完成后，应配合精装修单位进行机电末端的设计与布置，确保机电管线各末端在吊顶平面、墙体立面分布合理、安装规范，与装饰装修效果完美协调。

2.4.3 质量要求

吊顶内设备管线布局合理，管线排布整齐、紧凑、层次清晰，满足安装、维修操作空间；管线支吊架设置合理、安装牢固可靠。

机电末端应布局美观、间距均匀，与建筑装饰装修效果相协调。

2.4.4 深化排布基本要求

1. 净高空间最大化原则

综合管线的设计与规划应充分理解设计意图，熟悉各专业图纸，以便确定管线路由和层高空间，在便于管线布置、施工及检修方便的前提下，最大程度减少管道所占空间，提高顶棚的吊顶高度。

2. 避让原则

（1）大管优先。因为大截面、大直径的管道，如空调通风管道、排水管道、排烟管道等占据的空间较大，应在平面图中先作布置。小管道造价低且所占空间位置较小，易于更改路由和移动位置安装。

（2）有压管道让无压管道。无压管道，如生活污水管、废水管、雨水管、冷凝水管都是靠重力排水，因此，水平管段必须保持一定的坡度，这是顺利排水的充分条件，所以在与有压管道交叉时，有压管道应避让。当管线交叉时，应首先考虑更改有压管的路由。应注意无压管道对标高的要求，不能形成倒坡。

（3）冷水管避让热水管。热水管如果标高调整过高，易造成集气等现象。另外，热水管需要保温，造价较高，且保温后的管径较大。

（4）气体管道避让水管道。水管道比气体管道造价高，水比气流动动力费用更大。

（5）电气管线避让热避让水。水管的垂直下方不宜布置电气管线，另外，在热水管道上方也不宜布置电气管线。

（6）附件少的管道避让附件多的管道。这样有利于施工和检修，更换管件。各种管线在同一处布置时，应尽可能做到呈直线、互相平行、不交错，还要考虑预留出安装、维修更换的操作距离、设置支吊架的空间等。

3. 功能性、安全性优先原则

（1）垂直面排列原则。

各种管线在同一垂直面布置时，应是桥架在上，水管在下；热介质管道在上，冷介质管道在下；无腐蚀性介质管道在上，腐蚀性介质管道在下；气体管道在上，液体管道在下；金属管道在上，非金属管道在下；不经常检修管道在上，经常检修管道在下。尽可能使管线呈直线，相互平行不交叉。

（2）管线之间距离及与建筑物间距应符合相关规范要求。

（3）综合管线的优化排布应不影响原机电系统的设计要求，布置时尽量减少弯头等影响系统运行阻力的因素。进行管线综合布置只是使管线布置更加合理而不是修改原设计。

（4）强弱电分设。由于弱电线路如电信、有线电视、计算机网络和其他建筑智能化线路易受强电线路电磁场的干扰，因此强电线路与弱电线路不应敷设在同一个电缆槽内，而且桥架间留一定的距离。

（5）充分利用梁内空间原则。

① 将风机盘管布置在梁内空间（梁窝）内；

② 从走道进入房间的新风支管如果与梁或者其他管道打架，可以改用软风管，自由弯曲，绕开障碍物。

（6）工艺布置原则。

① 管线的有序排列给工程竣工后的维修和管理带来许多方便。各种工程管线各自具有各自的工艺布置要求，当出现相互交叉挤占同一空间的问题时，应相互协调、布置得当。

② 管线综合应以暖通专业为主，水电专业为辅，暖通大截面风管优先。

③ 暖通的风管如果不止一根，一般来说，排烟管宜高于其他风管，大风管宜高于小风管。两个风管如果只是在局部交叉，可以安装在同一标高，交叉的位置小风管绕大风管。

（7）预留检修空间原则。

管线安装及维护时，均需要预留一定的安装及维护的操作空间。如给水及消防部分丝扣连接的管道需要预留安装喉钳操作空间，生活给水管道需要预留保温层的安装空间，强弱电桥架布置需要考虑操作人员敷设线缆的操作空间及维护时的检修空间。

管道阀门安装位置除按设计及规范安装要求外，还需要考虑阀门操作手柄的操作位置，以及日后运行时操作的方便性，以方便维护、维修单位的使用，当然也需要考虑阀门重新拆装的方便性。

（8）施工方便顺序原则。

管线安装不是同时进行，有一定的先后次序。如：先安装上层管线再安装下层管线，先安装里层管线再安装外层管线，先安装较大的管线后安装较小的管线（风管先装，桥架后装等）。故管线的布置也应给予综合考虑，以免部分管线安装后，后装的管线安装困难或需要拆除原已安装的管线后再重新安装等。

（9）采用综合支吊架原则。

管线综合布置时，应充分考虑本工程建筑结构的特点，合理设计管线布置位置及空间，尽量采用综合支吊架（即多管共用支吊架），减少支吊架的数量，减少支架和结构的连接点数量，并尽量将支吊架固定点安装在建筑的承重部位。

（10）与装饰装修协调美观原则。

为确保明装机电设备的颜色及形状与整体装饰效果的协调性和和谐性，要合理选择、定购明装机电设备的外形、颜色。

① 风口、回风箱的形状、颜色必须与装饰造型协调一致。

② 照明灯光的暖冷色调必须与装修的整体色调相符。

③ 开孔位置应准确、平整，保证吊顶不损坏、修口完整合理。

④ 饰面板上的灯具、烟感、喷淋头、风口等设备的位置应合理、美观，与饰面板交接处应严密。

⑤ 吊顶平面上可采用异形风口、工艺风口、隐性风口，确保饰面板的整体性、对称性、与装饰造型的协调性。

管线综合排布示意图见图 2.4-1。

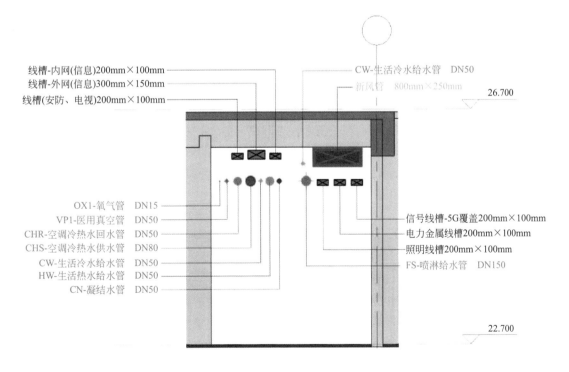

图 2.4-1 管线综合排布示意图（一）

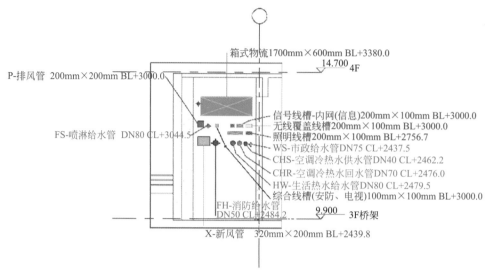

图 2.4-1 管线综合排布示意图（二）

2.5 关键节点施工工艺

2.5.1 电导管沿吊顶内墙面明敷

1. 适用范围

适用于吊顶内照明及火灾报警系统薄壁金属钢导管敷设。

2. 质量要求

（1）钢管的质量、规格及配管的连接方法必须符合设计要求和施工规范规定。

（2）严禁对口焊，壁厚小于 2mm 的钢管不得采用套管焊接。

（3）成排电导管沿墙明敷应横平竖直、间距均匀、避免交叉、管卡固定，固定点间距应符合规范要求，并要跨接正确、接地良好。

3. 工艺流程

弹线定位→箱盒定位固定→管路衔接、敷设→管路固定→检查验收

4. 精品要点

（1）灯头盒、开关盒、线管进盒根数不宜超过 4 根，成排布置时，线盒应错位布置。

（2）套接紧定式钢导管管路弯曲敷设时，管材弯曲弧度应均匀，焊缝处于外侧。不应有折皱、凹陷、裂纹、死弯等缺陷。切断口平整、光滑。管材弯扁程度不应大于管外径的 10%。

（3）套接紧定式钢导管管路明敷设时，管材的弯曲半径不宜小于管材外径的 6 倍。当两个接线盒间只有一个弯曲时，其弯曲半径不宜小于管材外径的 4 倍。

（4）套接紧定式钢导管管路明敷设时，排列应整齐，固定点牢固。间距均匀，其最大间距应符合规范的规定。

（5）套接紧定式钢导管管路明敷设时，固定点与终端、弯头终点、电气器具或盒（箱）边缘的距离宜为 150～300mm。

（6）套接紧定式钢导管管路连接的紧定螺钉，应采用专用工具操作。不应敲打、切断、折断螺母。严禁熔焊连接。

（7）套接紧定式钢导管管路连接处，紧定螺钉应处于可视部位。

（8）套接紧定式钢导管管路，当管径为 $\phi32mm$ 时，连接套管每端的紧定螺钉不应少于 2 个。

（9）吊顶内灯头盒灯位可采用包塑软金属管过渡。长度不超过 1.2m。波纹管两端使用专用接头，吊顶内各种箱盒的安装箱盒口方向应朝向检查口，以便于检查。

（10）为防止包塑金属管与线盒接口处专用接头脱落，宜采用热缩管包覆。

5. 实例或示意图

实例或示意图见图 2.5-1。

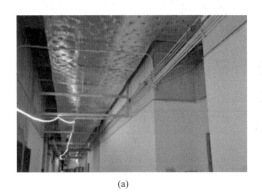 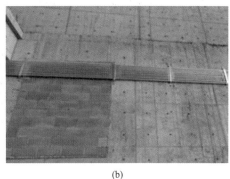

(a)   (b)

图 2.5-1 吊顶内成排电导管沿墙明敷设

2.5.2 综合支吊架

1. 适用范围

适用于吊顶、地下车库等管线密集区域综合管线共用支吊架的设置。

2. 质量要求

（1）综合支架间距一致、卡箍螺栓朝向一致、做到整体布置整齐美观。宜考虑采用镀锌成品组合式可调综合支吊架。

（2）支架焊接质量应满足工艺及规范要求，支架与吊架应安装牢固，保证横平竖直，在有坡度的建筑物上安装支架与吊架时应与建筑物保持相同的坡度。

（3）不锈钢管道与碳素钢支架接触时需要加设木托等隔垫，避免两种化学性质不一样的金属直接接触，防止发生电化学反应。

3. 工艺流程

图纸优化→支架间距确定→测量放线定位→综合支架制作及防腐→综合支架安装→管线安装→油漆或标识→验收

4. 精品要点

（1）根据 BIM 综合管线模型进行综合支吊架的设计，在满足各专业规范、现场施工要求的基础上，力求做到简洁美观。

（2）对成排管道安装施工图进一步优化，根据机电管线的外形尺寸、根数、位置、标高、走向，预留好管道的操作维护空间，确定综合支架的形式、尺寸和安装间距。

（3）当支吊架采用角钢、槽钢制作时，角钢宜倒圆弧，槽钢采用45°拼接焊缝，角钢、槽钢开口朝向应一致。

（4）与梁柱固定时，其固定厚度及尺寸应符合相关要求，钢板明装，尺寸一致。

（5）所有螺栓与螺母的连接必须加设平垫片和弹簧垫片，确保管道固定牢固。

5. 实例或示意图

实例或示意图见图 2.5-2。

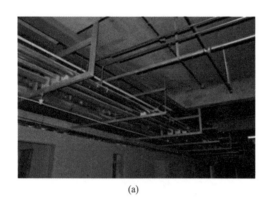 

（a）　　　　　　　　　　　　　　　（b）

图 2.5-2　吊顶内综合支吊架布置

2.5.3　机电末端器具安装

1. 适用范围

适用于吊顶、墙面等机电末端器具的布置。

2. 质量要求

（1）公共走道末端灯具、烟感等布置成排成线，居中对齐（有无吊顶都一样）；

（2）墙面器具标高一致，符合规范要求。

3. 工艺流程

图纸优化→测量放线定位→机电末端型式选择→开孔→机电末端安装→验收

4. 精品要点

（1）机电末端综合布置安全应符合国家现行有关标准规定，并满足功能要求。

（2）有吊顶时灯具位置布局合理、美观，如果单排，位于楼道中间；如果两排以上，平均分布，并横平竖直；有分格的吊顶板上安装灯具时，灯具安装应取中心；异形顶上安装灯具时，灯具应沿弧线安装，顺滑美观，间距一致。

（3）安装在吊顶上和墙面上的风口与装饰面应贴实、严密、无明显缝隙，并宜与装饰装修风格协调一致。

（4）排烟风口与正压送风口的安装位置应符合设计要求，其执行机构安装高度应便于操作。风机盘管的送、回口距离应大于 1.2m。

（5）宜采用集成式机电末端。当采用空调照明一体化灯具盘结构时，宜将风口与照明灯具统一考虑。减少顶棚末端设备布置的数量，做到整体布局上简约、有序、美观。

（6）铝方通通透式等格栅类吊顶，宜将灯具、空调系统、消防设备置于顶棚等板内，或将灯具设置在铝方通内隐藏式安装，无缝衔接实现与建筑完美融合，从而达到整体一致的完美视觉效果。

（7）散热器、消火栓箱、电表箱或消防管线位置不影响设备、电气竖井门的开启及通行，同时不影响装饰材料的安装及收口。

（8）为保证精装修墙面的整体装饰效果，消火栓箱门宜与墙面装饰相协调，消火栓箱门的材料与墙面装饰材料相一致，尽量不破坏墙面的整体效果。

（9）机电末端应安装牢固，与装饰装修面层的交接应吻合、严密，不应破坏装饰装修面层的受力构件，满足受力构件的承载要求。

（10）机电末端综合布置时相互间应无阻碍和干扰，应不影响其安全及使用功能。

5. 实例或示意图

实例图见图 2.5-3～图 2.5-8。

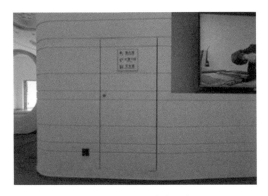

图 2.5-3　装饰消火栓箱

图 2.5-4　隐性检修口布置

图 2.5-5　医院走廊机电末端布置

图 2.5-6　办公走道机电末端双排布置

图 2.5-7 弧形走廊机电末端布置

图 2.5-8 宾馆走道机电末端布置

第3章

变形缝

3.1 一般规定

（1）变形缝（伸缩缝、沉降缝、防震缝）首先应满足设计要求的变形功能，并与结构缝对应设置，兼顾美观，做到交圈连贯，构造正确；与缝两边的饰面材料协调一致，接缝处理精致美观，与整体装饰效果体现相得益彰。

（2）承载能力：建筑变形缝装置的承载能力应符合主体结构相应部位的设计要求。

（3）防火：有防火要求的建筑变形缝装置应配套安装阻火带，采取合理的防火措施，并应符合国家现行防火设计标准的要求。

（4）防水：有防水要求的建筑变形缝装置应配置安装防水卷材，采取合理的防水、排水措施。

（5）节能：有节能要求的建筑变形缝装置应符合国家现行建筑节能标准的要求。

（6）防脆断：严寒及寒冷地区的建筑变形缝装置应符合防脆断的要求，宜选用金属类产品。

（7）防腐蚀：五金件与铝合金基座相接部分应采取防止电腐蚀措施，主要受力五金件应进行承载力验算。

（8）考虑变形缝宽度较大时，构造上更应注意盖缝的牢固、防风、防雨等，寒冷地区的外缝口还须用具有弹性的软质聚氯乙烯泡沫塑料、聚苯乙烯泡沫塑料等保温材料填实。

（9）楼地层变形缝的位置和宽度应与墙体变形缝一致。变形缝一般贯通楼地面各构造层，缝内采用具有弹性的油膏、金属调节片、沥青麻丝等材料做嵌缝处理，面层和顶棚应加设不妨碍构件之间变形需要的盖缝板，盖缝板的形式和色彩应和室内装修协调一致。

（10）屋面变形缝。

① 同层等高不上人屋面。

不上人屋面变形缝，一般是在缝两侧各砌半砖厚矮墙，并做好屋面防水和泛水构造处理，矮墙顶部用镀锌薄钢板或钢筋混凝土盖板盖缝。

② 同层等高上人屋面。

上人屋面为便于行走，缝两侧一般不砌小矮墙，此时应切实做好屋面防水，避免雨水渗漏。或砌小矮墙设置过桥保护，防止踩踏变形。

③ 高低屋面的变形缝。

高低屋面交接处的变形缝，应在低侧屋面板上砌半砖矮墙，与高侧墙之间留出变形缝隙，并做好屋面防水和泛水处理。矮墙之上可用从高侧墙上悬挑的钢筋混凝土板或镀锌薄钢板盖缝。

（11）外墙变形缝应上下贯通，不得穿越门窗洞口，具有防火、防水、保温、抗老化等性能，与屋面女儿墙、檐口变形缝、不同饰面材料交界处连续交圈设置，连接构造规范，不渗不漏，衔接过渡自然，与两侧外墙装饰协调一致。如有沉降观测要求，观测点宜对称布置于变形缝两侧。

（12）地下室剪力墙变形缝应做好防水处理，不得渗漏。

（13）各类护栏跨越变形缝时，应断开处理。

3.2 规范要求

3.2.1 《民用建筑设计统一标准》GB 50352—2019

6.10.5 变形缝包括伸缩缝、沉降缝和抗震缝等，其设置应符合下列规定：

1 变形缝应按设缝的性质和条件设计，使其在产生位移或变形时不受阻，且不破坏建筑物。

2 根据建筑使用要求，变形缝应分别采取防水、防火、保温、隔声、防老化、防腐蚀、防虫害和防脱落等构造措施；

3 变形缝不应穿过厕所、卫生间、盥洗室和浴室等用水的房间，也不应穿过配电间等严禁有漏水的房间。

6.11.9 门的设置应符合下列规定：

7 门的开启不应跨越变形缝。

6.14.5 屋面排水应符合下列规定：

5 屋面雨水天沟、檐沟不得跨越变形缝和防火墙。

6.14.6 屋面构造应符合下列规定：

8 天沟、天窗、檐沟、檐口、雨水管、泛水、变形缝和伸出屋面管道等处应采取与工程特点相适应的防水加强构造措施，并应符合国家现行有关标准的规定。

3.2.2 《建筑设计防火规范（2018 年版）》GB 50016—2014

6.3.4 变形缝内的填充材料和变形缝的构造基层应采用不燃材料。电线、电缆、可燃气体和甲、乙、丙类液体的管道不宜穿过建筑内的变形缝，确需穿过时，应在穿过处加设不燃材料制作的套管或采取其他防变形措施，并应采用防火封堵材料封堵。

6.3.4　条文说明：建筑变形缝是在建筑长度较长的建筑中或建筑中有较大高差部分之间，为防止温度变化、沉降不均匀或地震等引起的建筑变形而影响建筑结构安全和使用功能，将建筑结构断开为若干部分所形成的缝隙。特别是高层建筑的变形缝，因抗震等需要留得较宽，在火灾中具有很强的拔火作用，会使火灾通过变形缝内的可燃填充材料蔓延，烟气也会通过变形缝等竖向结构缝隙扩散到全楼。因此，要求变形缝内的填充材料、变形缝在外墙上的连接与封堵构造处理和在楼层位置的连接与封盖的构造基层采用不燃烧材料。有关构造参见图7。该构造由铝合金型材、铝合金板（或不锈钢板）、橡胶嵌条及各种专用胶条组成。配合止水带、阻火带，还可以满足防水、防火、保温等要求。

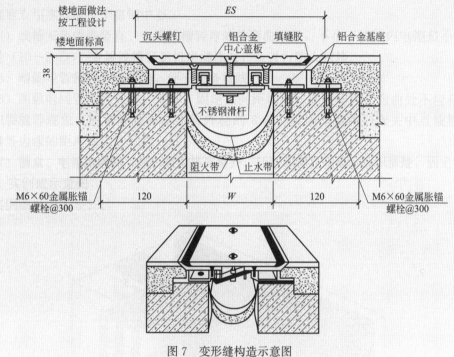

图7　变形缝构造示意图

6.5.1　防火门的设置应符合下列规定：

5　设置在建筑变形缝附近时，防火门应设置在楼层较多的一侧，并应保证防火门开启时门扇不跨越变形缝。

3.2.3　《地下防水工程质量验收规范》GB 50208—2011

4.1.16　防水混凝土结构的施工缝、变形缝、后浇带、穿墙管、埋设件等设置和构造必须符合设计要求。（强条）

4.3.5　基层阴阳角应做成圆弧或45°坡角，其尺寸应根据卷材品种确定；在转角处、变形缝、施工缝，穿墙管等部位应铺贴卷材加强层，加强层宽度不应小于500mm。

5.2.9　变形缝处表面粘贴卷材或涂刷涂料前，应在缝上设置隔离层和加强层。

3.2.4 《屋面工程技术规范》GB 50345—2012

4.11.18 变形缝防水构造应符合下列规定：

1 变形缝泛水处的防水层下应增设附加层，附加层在平面和立面的宽度不应小于250mm；防水层应铺贴或涂刷至泛水墙的顶部；

2 变形缝内应预填不燃保温材料，上部应采用防水卷材封盖，并放置衬垫材料，再在其上干铺一层卷材；

3 等高变形缝顶部宜加扣混凝土或金属盖板（图4.11.18-1）；

4 高低跨变形缝在立墙泛水处，应采用有足够变形能力的材料和构造作密封处理（图4.11.18-2）。

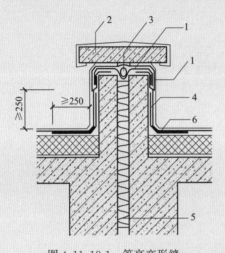

图 4.11.18-1 等高变形缝
1—卷材封盖；2—混凝土盖板；
3—衬垫材料；4—附加层；
5—不燃保温材料；6—防水层

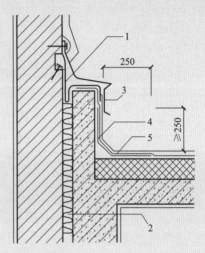

图 4.11.18-2 高低跨变形缝
1—卷材封盖；2—不燃保温材料；
3—金属盖板；4—附加层；
5—防水层

3.2.5 《屋面工程质量验收规范》GB 50207—2012

8.6.1 变形缝的防水构造应符合设计要求。

8.6.2 变形缝处不得有渗漏和积水现象。

8.6.3 变形缝的泛水高度及附加层铺设应符合设计要求。

8.6.5 等高变形缝顶部宜加扣混凝土或金属盖板。混凝土盖板的接缝应用密封材料封严；金属盖板应铺钉牢固，搭接缝应顺流水方向，并应做好防锈处理。

8.6.6 高低跨变形缝在高跨墙面上的防水卷材封盖和金属盖板，应用金属压条钉压固定，并应用密封材料封严。

3.2.6 《建筑地面工程施工质量验收规范》GB 50209—2010

3.0.16 建筑地面的变形缝应按设计要求设置，并应符合下列规定：

1 建筑地面的沉降缝、伸缝、缩缝和防震缝，应与结构相应缝的位置一致，且应贯通建筑地面的各构造层；

2 沉降缝和防震缝的宽度应符合设计要求，缝内清理干净，以柔性密封材料填嵌后用板封盖，并应与面层齐平。

3.0.17 当建筑地面采用镶边时，应按设计要求设置并应符合下列规定：

2 具有较大振动或变形的设备基础与周围建筑地面的邻接处，应沿设备基础周边设置贯通建筑地面各构造层的沉降缝（防震缝），缝的处理应执行本规范第3.0.16条的规定；

7 管沟、变形缝等处的建筑地面面层的镶边构件，应在面层铺设前装设。

5.1.3 铺设整体面层时，地面变形缝的位置应符合本规范第3.0.16条的规定；大面积水泥类面层应设置分格缝。

6.1.6 大面积板块面层的伸、缩缝及分格缝应符合设计要求。

3.2.7 《建筑内部装修设计防火规范》GB 50222—2017

4.0.7 建筑内部变形缝（包括沉降缝、伸缩缝、抗震缝等）两侧基层的表面装修应采用不低于 B_1 级的装修材料。

3.2.8 《公共建筑吊顶工程技术规程》JGJ 345—2014

4.2.7 大面积或狭长形的整体面层吊顶、密拼缝处理的板块面层吊顶同标高面积大于 $100m^2$ 时，或单向长度方向大于15m时应设置伸缩缝。当吊顶遇建筑伸缩缝时，应设计与建筑变形量相适应的吊顶变形构造做法。

3.2.9 《建筑装饰装修工程质量验收标准》GB 50210—2018

7.1.15 大面积或狭长形吊顶面层的伸缩缝及分格缝应符合设计要求。

9.1.7 饰面板工程的防震缝、伸缩缝、沉降缝等部位的处理应保证缝的使用功能和饰面的完整性。

10.1.8 饰面砖工程的防震缝、伸缩缝、沉降缝等部位的处理应保证缝的使用功能和饰面的完整性。

11.1.13 幕墙的变形缝等部位处理应保证缝的使用功能和饰面的完整性。

3.3 管理规定

（1）创建精品工程应以经济、适用、美观、节能环保及绿色施工为原则，做到策划先行，样板引路，过程控制，一次成优。

（2）质量策划、创优策划工作应全面、细致，从工程质量及使用功能等方面综合考虑，明确细部做法、统一质量标准，加强过程质量管控措施，达到一次成优。

（3）采用 BIM 模型、文字及现场样板交底相结合的方式进行全员交底，明确施工工序、质量要求及标准做法，以确保策划的有效落地。

（4）所采用的材料、设备应有产品合格证书和性能检测报告，其品种、规格、性能等应符合国家现行产品标准和设计要求。

（5）全面考虑各单位施工内容及相互影响因素，应妥善安排施工顺序，遵循先结构、后装饰，由内到外的原则，合理安排工序穿插。

（6）加强过程质量的监督检查，确保各环节施工质量。同时，做好专业间工作面移交检查验收工作，重点关注隐蔽内容及成品保护措施。

（7）技术复核工作至关重要，是保证每个关键节点符合要求的关键过程。各施工阶段及时对各工序涉及的重点点位进行复核、实测及纠偏，确保符合图纸及深化要求。

（8）各工种穿插施工时，坚守成品保护制度，有效采取护、包、盖、封等成品保护措施。

3.4 深化设计

3.4.1 深化原则

1. 图纸深化设计

（1）变形缝深化设计需要根据结构、安装、装饰等专业系统深化，做到排布协调、功能合理、观感效果美观，深化设计图需经总包、监理、业主及设计单位会签后实施。

（2）深化设计应画出具体的节点详图，明确采用的材料规格、型号、颜色和性能要求以及施工技术要求，做到按图即可准确施工的细度要求，宜采用 BIM 技术进行深化设计并模拟仿真建造模型实施。

2. 各部位变形缝深化设计

1）外墙变形缝深化设计

（1）变形缝的构造及材料应根据其部位分别采用防水、防火、保温、防老化、防腐蚀、防虫害和防脱落等措施。

（2）在有防水和防火要求的位置设置变形缝时，应考虑合理的防水及防火措施。外墙变形缝室内外相通时，必须设止水带等防水措施。在变形缝内部应当用具有自防水功能的柔性材料来塞缝，例如挤塑型聚苯板、沥青麻丝、橡胶条等，以防止热桥的产生。

（3）对有保温隔热要求的外墙，可在变形缝内设置保温隔热材料，保温隔热材料的选用和厚度按所在地区的燃烧性能等级要求及热工要求由单项工程设计确定。

（4）止水带宽度应符合设计要求，止水带长度根据实际需要裁剪；中埋式止水带在转弯处宜采用直角专用配件，并应做成圆弧形；止水带接头应设在边墙较高位置上，接头应采用热压焊或者胶粘，接缝平整、不得有裂口和脱胶现象。

（5）止水带宽度和材质的物理性能均应符合设计要求，且无裂缝和气泡；中心孔偏心不允许超过管状断面厚度的 1/3；止水带表面允许有深度不大于 2mm、面积不大于 16mm² 的凹痕、气泡、杂质、明疤等缺陷不超过 4 处。

应考虑合理的防水及防火措施。外墙变形缝室内外相通时，必须设止水带等防水措施。在变形缝内部应当用具有自防水功能的柔性材料来塞缝，例如挤塑型聚苯板、沥青麻丝、橡胶条等，以防止热桥的产生。

（6）为保持整体美观，在同一项工程中，外墙变形缝与女儿墙变形缝应选用宽度相同的产品，并宜做好过渡衔接，确保美观而不渗漏。

（7）外墙变形缝的几种推荐做法见图 3.4-1～图 3.4-4。

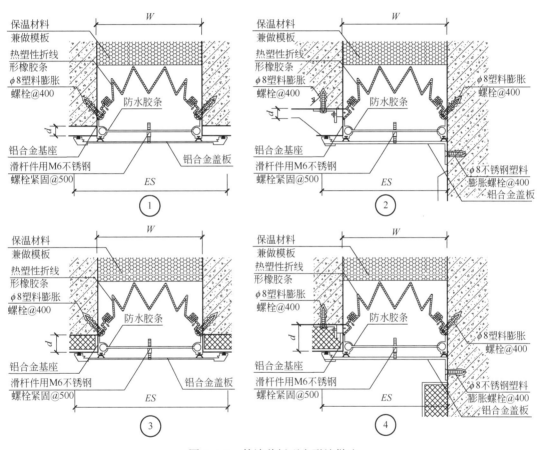

图 3.4-1 外墙盖板型变形缝做法

2）室内顶棚变形缝深化设计

（1）变形缝承载能力应满足主体结构相应部位的设计要求。变形缝的构造及材料应根据其部位分别采用防水、防火、保温、防老化、防腐蚀、防虫害和防脱落等措施。

（2）在有防水和防火要求的位置设置变形缝时，应考虑合理的防水及防火措施。

（3）为保持整体美观，在同一项工程中，顶棚与墙面应选用宽度相同的产品，并宜做好墙面变形缝与地面变形缝、顶棚变形缝的完美衔接。

（4）建筑内部的变形缝两侧的基层应采用 A 级材料，表面装饰应采用不低于 B_1 级的装修材料；嵌缝膏应采用防火填缝胶。

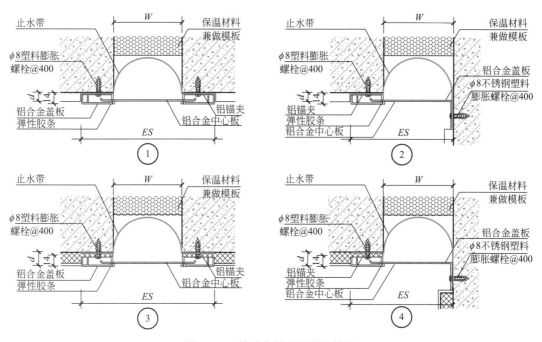

图 3.4-2　外墙卡锁型变形缝做法

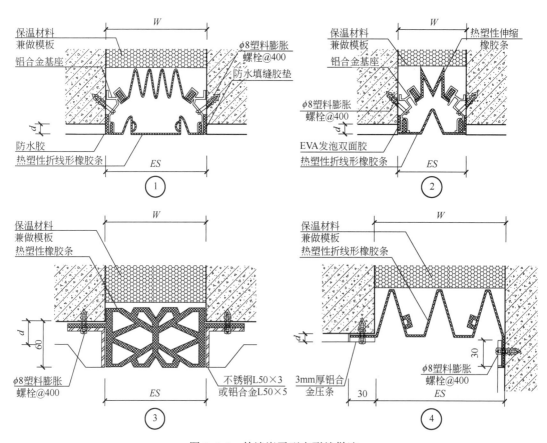

图 3.4-3　外墙嵌平型变形缝做法

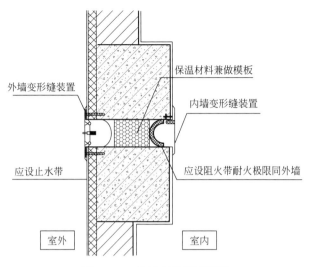

图 3.4-4　外墙变形缝平面图

（5）当采用不锈钢板时，冷轧板表面做发纹处理，热轧板表面做抛光处理，板的表面应平整光洁。

（6）当采用铝合金板、铝合金型材时，表面做阳极化处理，氟碳喷涂或粉末喷涂，板的表面应平整光洁。

（7）顶棚变形缝的几种推荐做法见图 3.4-5～图 3.4-8。

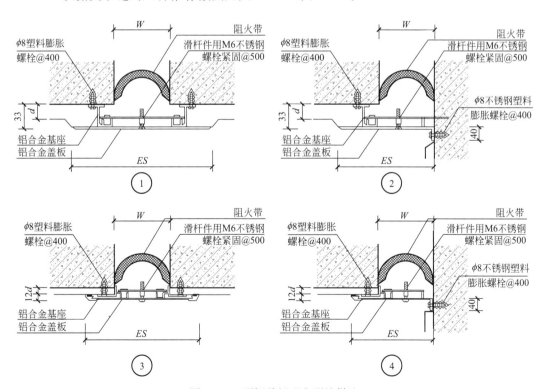

图 3.4-5　顶棚盖板型变形缝做法

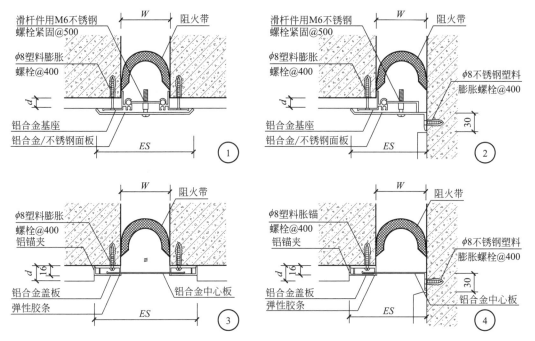

图 3.4-6 顶棚盖板型、卡锁型变形缝做法

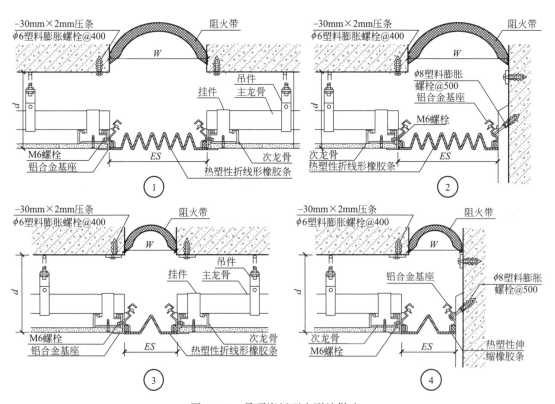

图 3.4-7 吊顶嵌板型变形缝做法

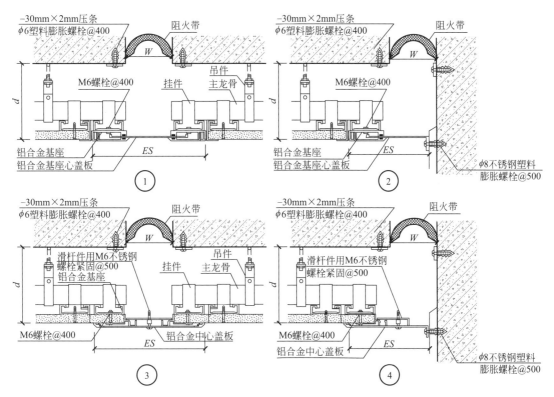

图 3.4-8 吊顶盖板型、卡锁型变形缝做法

3）室内墙面变形缝深化设计

（1）变形缝的构造及材料应根据其部位分别采用防水、防火、保温、防老化、防腐蚀、防虫害和防脱落等措施。

（2）变形缝的宽度须满足现行《建筑抗震设计规范》GB 50011 及《高层建筑混凝土结构技术规程》JGJ 3 的要求。

（3）建筑内部的变形缝两侧的基层应采用 A 级材料，表面装饰应采用不低于 B_1 级的装修材料；嵌缝膏应采用防火填缝胶。

（4）为保持整体美观，在同一项工程中，内墙变形缝与顶棚变形缝应采用同一宽度的产品，通常宜选用成品变形缝，并宜做好墙面变形缝与地面及顶棚变形缝的完美衔接。

（5）室内墙面变形缝的几种推荐做法见图 3.4-9～图 3.4-11。

合理的防水及防火措施。外墙变形缝室内外相通时，必须设止水带等防水措施。在变形缝内部应当用具有自防水功能的柔性材料来塞缝，例如挤塑型聚苯板、沥青麻丝、橡胶条等，以防止热桥的产生。

4）室内楼面变形缝深化设计

（1）变形缝的宽度须满足现行《建筑抗震设计规范》GB 50011 及《高层建筑混凝土结构技术规程》JGJ 3 的要求。

（2）为保持整体美观，在同一项工程中，楼面与墙面应选用宽度相同的产品。楼面变形缝盖板在满足变形功能的前提下宜采用与楼面同材质的饰面材料铺装以取得较好的装饰效果。

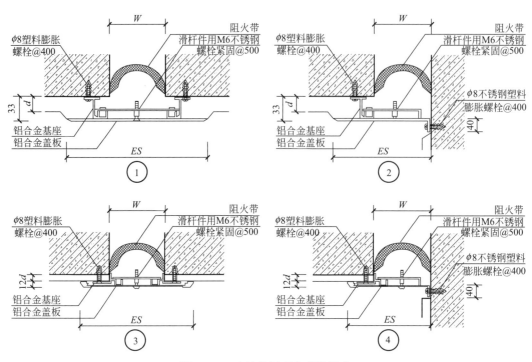

图 3.4-9 内墙盖板型变形缝做法

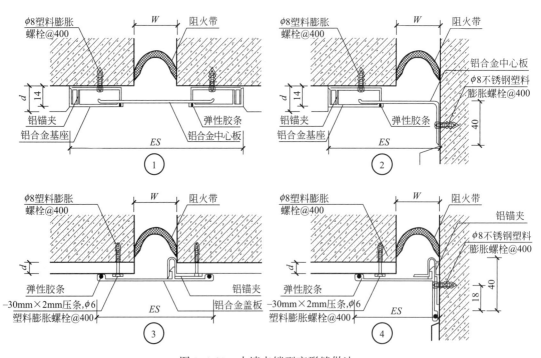

图 3.4-10 内墙卡锁型变形缝做法

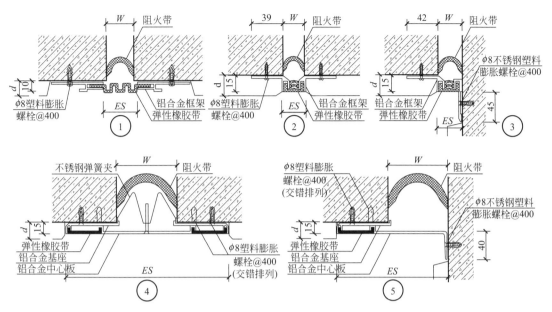

图 3.4-11 内墙嵌平型变形缝做法

（3）变形缝承载能力应满足主体结构相应部位的设计要求。

（4）在变形缝内部应当用具有自防水功能的柔性材料来塞缝，例如挤塑型聚苯板、沥青麻丝、橡胶条等，以防止热桥的产生。

（5）对防噪声要求较高的楼地面，应选用带有橡胶嵌条的产品。

（6）变形缝的构造及材料应根据其部位分别采用防水、防火、保温、防老化、防腐蚀、防虫害和防脱落等措施。

（7）建筑内部的变形缝两侧的基层应采用 A 级材料，表面装饰应采用不低于 B_1 级的装修材料；嵌缝膏应采用防火填缝胶。

（8）当采用不锈钢板时，冷轧板表面做发纹处理，热轧板表面做抛光处理，板的表面应平整、光洁。

（9）当采用铝合金板、铝合金型材时，表面做阳极化处理，氟碳喷涂或粉末喷涂，板的表面应平整光洁。

（10）当采用钢板时，钢板接驳应满焊焊接，钢板、钢构件应加工后做热镀锌处理。

（11）楼面变形缝的几种推荐做法见图 3.4-12～图 3.4-15。

5）屋面变形缝深化设计

（1）变形缝承载能力应满足主体结构相应部位的设计要求。

（2）在变形缝内部应当用具有自防水功能的柔性材料来塞缝，例如挤塑型聚苯板、沥青麻丝、橡胶条等，以防止热桥的产生。

（3）变形缝的宽度须满足现行《建筑抗震设计规范》GB 50011 及《高层建筑混凝土结构技术规程》JGJ 3 的要求。

（4）对有保温隔热要求的屋面，可在变形缝内设置保温隔热材料，保温隔热材料的选用和厚度按所在地区的燃烧性能等级要求及热工要求由单项工程设计确定。

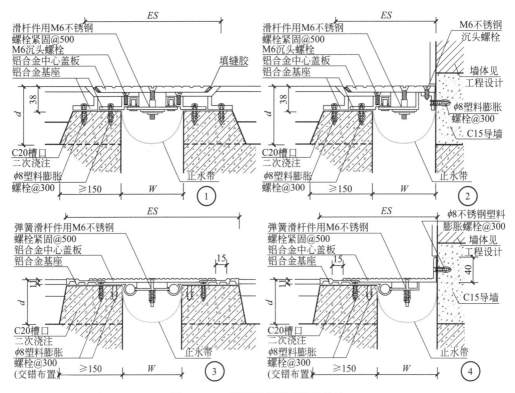

图 3.4-12　楼面盖板型变形缝做法

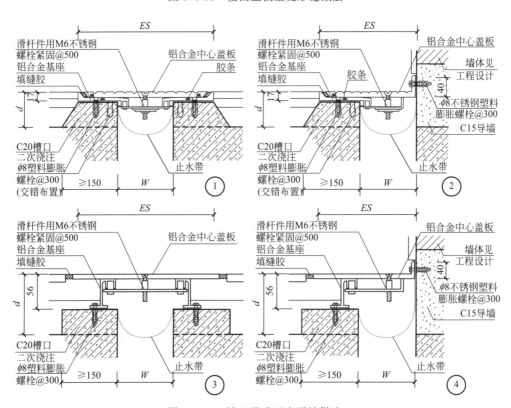

图 3.4-13　楼面承重型变形缝做法

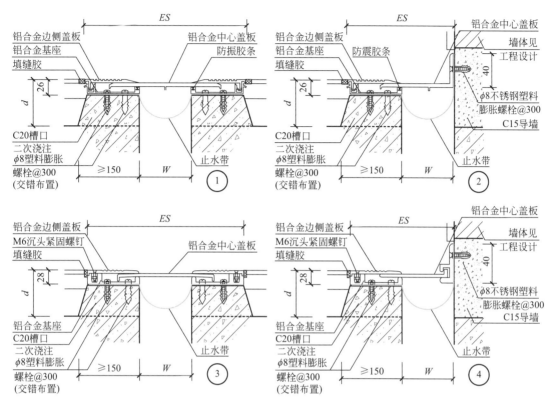

图 3.4-14 楼面盖板型变形缝做法

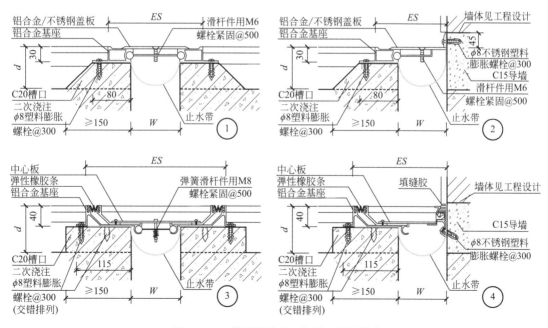

图 3.4-15 楼面承重型、防震变形缝做法

（5）倒置式屋面变形缝泛水处理：加铺防水卷材或涂膜防水层一道，伸入屋面大于 500mm。

（6）变形缝的构造及材料应根据其部位分别采用防水、防火、保温、防老化、防腐蚀、防虫害和防脱落等措施。

（7）屋面变形缝钢筋混凝土盖板宜采用混凝土强度等级为 C20 及以上的细石混凝土。

（8）屋面变形缝的几种推荐做法见图 3.4-16。

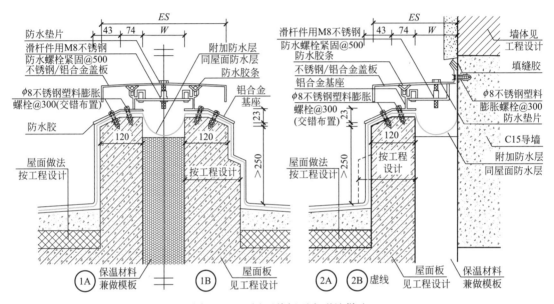

图 3.4-16　屋面盖板型变形缝做法

3.5　关键节点工艺

3.5.1　外墙变形缝

1. 适用范围

适用于饰面板、饰面砖、涂饰饰面的建筑地上外墙的变形缝施工，不适用于干挂类饰面的建筑外墙施工。

2. 质量要求

室内外变形缝应按设计施工，设计无具体要求时，建筑变形缝外部工艺应提前进行策划，按图集或深化设计进行施工。

3. 工艺流程

基层表面清理、修整→变形缝内填保温材料→变形缝内止水带安装→变形缝装置（基座、滑竿）安装→盖缝板加工→盖缝板安装→清理与检查修理→缝两侧墙面面层施工→界面打胶处理。

4. 精品要点

（1）根据施工现场柱与墙、墙与墙、柱与柱间不同结构间及变形缝的平面或转角方式，按照图集及深化设计图纸要求的尺寸，将金属盖缝板分别压型至各类折形。

（2）清除变形缝内杂物直至干净以及清理变形缝两边墙或柱，保证保温板材固定牢固。

（3）切割保温板材，从上到下粘贴于缝内直至牢固，保证不掉落、不偏移。

（4）根据设计尺寸用吊线坠吊线弹出膨胀螺栓（又名胀锚螺栓）边线以便控制。

（5）根据弹线尺寸位置将盖缝板用膨胀螺栓等间距固定，且不大于300mm。

（6）粉刷或饰面板（砖）镶贴时，将不锈钢板两侧预埋部分包括小网钢板网覆盖于饰面层内。

（7）外墙粉刷及涂料施工时，宜采取成品保护措施，确保盖缝板接缝顺直及外观平整光洁。

（8）盖缝板接缝应与外墙饰面板（砖）缝或涂饰水平分隔缝对齐设置。

（9）混凝土墙柱金属盖缝板的固定点离变形缝边50mm，宜左右均匀对称布置。

5. 实例或示意图

实例或示意图见图3.5-1～图3.5-9。

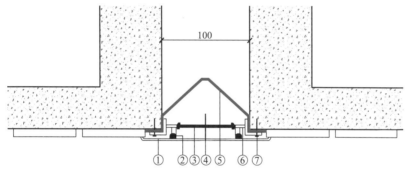

注：① 外层防水面板　② 热塑性橡胶条　③ 滑杆@500　④ 固定用螺杆
　　⑤ 橡胶止水带　⑥ 铝合金型材　⑦ 固定型材用膨胀管螺栓

图 3.5-1　外墙伸缩缝平面内部示意图

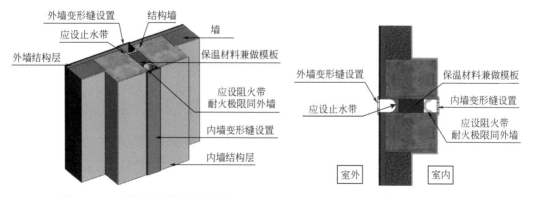

图 3.5-2　内外墙变形缝整体结构　　　图 3.5-3　内外墙变形缝整体平面结构

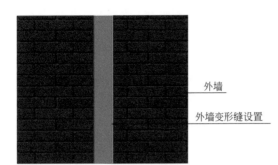

图 3.5-4 外墙变形缝立面结构

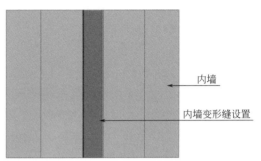

图 3.5-5 室内变形缝立面结构

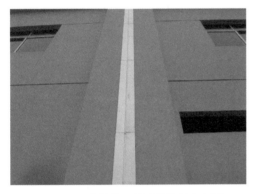

图 3.5-6 涂料饰面外墙伸缩缝实例图

图 3.5-7 饰面砖外墙伸缩缝实例图

图 3.5-8 石材外墙伸缩缝实例图

图 3.5-9 面砖外墙伸缩缝实例图

3.5.2 室内顶棚变形缝

1. 适用范围

适用于各类建筑室内顶棚的变形缝施工。

2. 质量要求

室内顶棚变形缝应按设计施工，设计无具体要求时，变形缝应提前进行策划，按图集或深化设计进行施工。

90

3. 工艺流程

基层表面清理、修整→变形缝内粘贴弹性保温材料→吊杆、龙骨安装→基层装饰板固定→面层装饰板安装→铝合金盖缝板固定→清理→界面处理

4. 精品要点

（1）基层装饰板用塑料胀锚螺栓固定于混凝土墙柱或楼板底面。

（2）面层装饰板用沉头木螺钉固定于基层装饰板。

（3）铝合金盖缝板用长头木螺钉单边固定于缝两侧装饰板上。

（4）固定螺钉间距应统一，装饰板固定螺栓间距不低于250mm，铝合金盖缝板固定螺栓间距不低于150mm。

（5）缝两边留缝时，变形缝处吊顶龙骨与两侧吊顶龙骨应彻底断开设置自成体系，变形缝面板与墙面、地面变形缝三维对缝交圈。

（6）盖缝面板宜与吊顶面板材料统一，界面处理应平整顺直，精细美观。

5. 实例或示意图

实例或示意图见图3.5-10～图3.5-13。

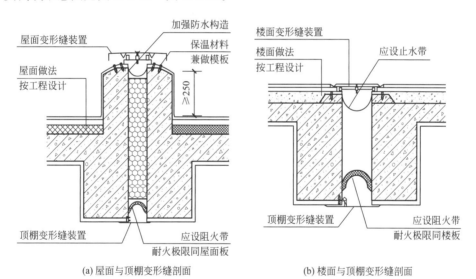

(a) 屋面与顶棚变形缝剖面　　　　(b) 楼面与顶棚变形缝剖面

图3.5-10　顶棚变形缝示意图

图3.5-11　顶棚变形缝实例图

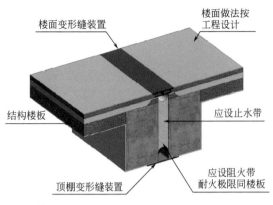

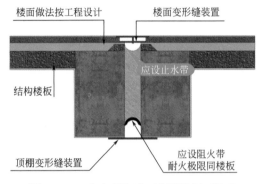

说明：
1. 楼面做法按工程设计要求施工；
2. 变形缝装置样式不限。

图 3.5-12　室内顶与地面变形缝三维构造　　　　图 3.5-13　室内顶与地面变形缝剖面构造

3.5.3　室内墙面变形缝

1. 适用范围

适用于各类建筑室内墙面的变形缝施工。

2. 质量要求

室内墙面变形缝应按设计施工，设计无具体要求时，变形缝应提前进行策划，按图集或深化设计进行施工。

3. 工艺流程

基层表面清理、修整→变形缝内粘贴弹性保温材料→铝合金盖缝板固定→清理→变形缝两侧墙体饰面层施工

4. 精品要点

（1）铝合金盖缝板用螺钉单边固定于缝两侧墙体上。

（2）固定螺钉间距应统一，铝合金盖缝板固定螺栓间距不低于150mm。

（3）面层施工与盖缝板接头处应平滑顺直。

（4）混凝土墙柱盖缝板的固定点离变形缝边按50mm控制，与顶棚和地面的变形缝做到三维对缝交圈。

5. 实例或示意图

实例或示意图见图3.5-14～图3.5-17。

3.5.4　楼面变形缝

1. 适用范围

适用于各类建筑室内楼面、室外连廊楼面的变形缝施工。

2. 质量要求

楼面变形缝应按设计施工，设计无具体要求时，建筑变形缝应提前进行策划，按图集或深化设计进行施工。

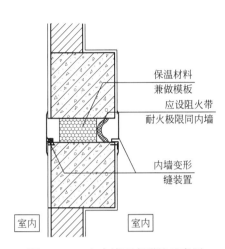

图 3.5-14 室内墙面变形缝示意图

保温材料
兼做模板
应设阻火带
耐火极限同内墙
内墙变形
缝装置

室内
室内

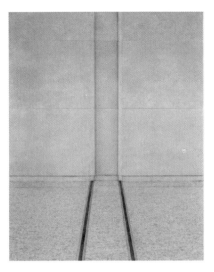

图 3.5-15 室内墙面变形缝实例图

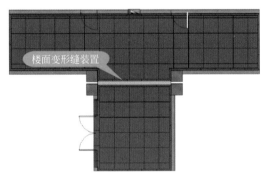

楼面变形缝装置

图 3.5-16 室内楼面变形缝平面图

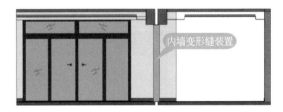

内墙变形缝装置

图 3.5-17 室内内墙变形缝平面图

3. 工艺流程

预埋件预埋→混凝土施工→基层表面清理、修整→支撑件焊接固定→变形缝内填保温板材→盖缝板施工→弹性材料填平→密封材料密封→底撑固定→变形缝顶部加扣盖板（或做一层水泥砂浆结合层加一层钢板网后按设计面层施工）→清理与检查修理。

4. 精品要点

（1）预埋件位置需定位放线，并保证平整度。

（2）盖板两侧缝隙应宽度统一且密封严实。

（3）校正盖板的标高、水平及直线度后方可固定。

（4）保温层应平直，接口处严密。

（5）进行面层施工时，应保护外露缝隙，严禁落入杂物。

（6）面层施工后对外露缝隙进行打胶处理，胶颜色应接近地面装修材料颜色为宜。

（7）所有钢材均应做镀锌除锈处理。

（8）水泥砂浆结合层内钢板网用螺钉加垫圈固定，间距不宜大于 300mm。

（9）变形缝两侧设有防火门时，应注意门的开启方向，门扇不应跨越变形缝。

（10）室外台阶跨越变形缝时，变形缝应随台阶折叠式连贯设置，且宜略高于台阶面层，防止接头缝隙不严造成漏水现象。

5. 实例或示意图

实例或示意图见图 3.5-18～图 3.5-21。

图 3.5-18　楼面变形缝实例图

图 3.5-19　玻化砖楼面变形缝实例图

图 3.5-20　地面防震型变形缝 SFFS

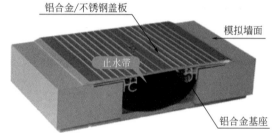

图 3.5-21　变形缝

3.5.5　地下室外墙变形缝

1. 适用范围

适用于地下室外墙及顶板变形缝。

2. 质量要求

（1）所用材料必须经过检验后使用。

（2）中埋式止水带必须固定牢固，防止在混凝土浇筑时变形。

（3）外侧增加外贴式止水带与 1000mm 宽卷材防水加强层。

3. 工艺流程

施工准备→安装止水带→安装聚苯板条→混凝土浇筑→密封膏密封→粘贴卷材加强层→防水层→保护墙施工或预制盖板安装

4. 精品要点

（1）中埋式止水带中心线应与变形缝中心线重合，止水带中部不得穿孔或用铁钉固定。橡胶质止水带在混凝土中的位置应事先按设计要求的位置及型式固定牢靠。采用橡胶止水带和钢板橡胶止水带时，可将止水带两侧先用扁钢夹紧，再将扁钢与结构内的钢筋焊牢，使止水带固定牢靠、平直。

（2）当采用外贴式止水带时，应待施工缝处混凝土充分干燥后再进行安装。外贴式止水带一般采用粘贴法，用胶粘剂将止水带粘在混凝土迎水面上。施工时，应将混凝土表面清理干净，刷底胶，胶粘剂的使用应按出厂说明操作。外贴式止水带粘贴后，有的还要做机械锚固，具体做法按设计要求施工。

（3）中埋式橡胶止水带两侧的模板必须固定牢固，封堵严密，防止漏浆和跑模。一般采用木模板将止水带夹住。在顶板或底板变形缝处应设支撑将模板顶牢，在墙体变形缝处应和墙侧模板连成整体，确保浇筑混凝土时模板不变形。

（4）变形缝设置中埋式止水带时，混凝土浇筑前应校正止水带位置，表面清理干净，止水带损坏处应修补。顶板、底板止水带的下侧混凝土应振捣密实，边墙止水带内外侧混凝土应均匀下料，保持止水带位置正确、平直，无卷曲现象。止水带一侧混凝土浇筑完，混凝土经养护，强度达到 1.2MPa 以上，方可拆除模板，再支设另一侧模板，准备浇筑另一侧混凝土。当变形缝较窄，不便于支拆模板时，可直接安装填缝材料替代模板（如聚乙烯苯板等），混凝土浇筑完后不再拆除。

（5）变形缝口部应用防水密封材料嵌缝，一般采用改性石油沥青或合成高分子密封材料，嵌缝施工时，应符合下列要求：①缝内两侧应平整、清洁、无渗水，并涂刷与嵌缝材料相容的基层处理剂；②嵌缝时应先设置与嵌缝材料隔离的背衬材料；③嵌缝应密实、与两侧粘结牢固；④缝上应设保护层，一般室内外变形缝上都设计有变形缝盖板，施工时应注意在嵌缝材料表面设隔离层，变形缝盖板的制作与安装应符合设计要求；⑤当后安装填缝材料时，应将变形缝内清理干净，不得留有模板、砂石等杂物，更不允许变形缝内被混凝土或砂浆填实。

（6）变形缝应采取二道止水措施，中间设中埋式止水带，迎水面设外贴式止水带。变形缝处卷材防水应加设宽度 1m 的附加层。

5. 实例或示意图

实例或示意图见图 3.5-22～图 3.5-24。

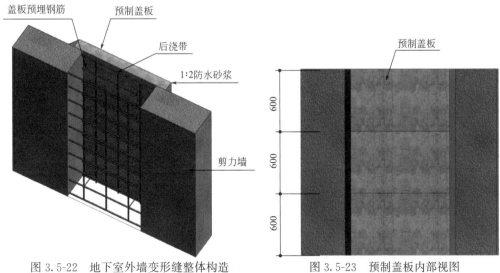

图 3.5-22 地下室外墙变形缝整体构造　　　　图 3.5-23 预制盖板内部视图

95

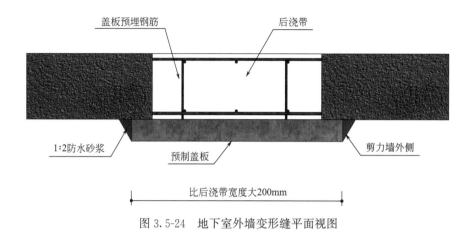

图 3.5-24 地下室外墙变形缝平面视图

3.5.6 屋面变形缝

1. 适用范围

适用于建筑工程屋面各类变形缝的施工。

2. 质量要求

盖板安装牢固，坡度正确，排水顺畅，防水可靠。

3. 工艺流程

基层表面清理、修整→喷涂基层处理剂→变形缝内填填充材料→附加防水层施工→屋面面层及变形缝面层施工→变形缝顶部加扣盖板→清理与检查修理

4. 精品要点

（1）检查基层质量是否符合要求，并加以清扫，出现缺陷应及时加以修补。

（2）要求在已干燥的檐口的基层上喷涂处理剂，以便卷材与基层粘结牢固。

（3）变形缝内应填充聚苯乙烯泡沫塑料等保温板材。

（4）变形缝两侧交角处应粘铺 1～2 层卷材附加层，防水卷材贯穿变形缝的加强构造应保证。

（5）等高变形缝类型中，卷材应满粘铺至墙顶，然后上部用卷材覆盖，覆盖的卷材与防水层粘牢，中间应尽量向缝中下垂，并在其上放置聚苯乙烯泡沫棒，再在其上覆盖一层卷材，两端下垂并防水粘牢。

（6）高低跨变形缝中，首先低跨的防水卷材应铺至低跨墙顶，然后再在其上覆盖一层卷材封盖，其一端与铺至墙顶的防水卷材粘牢，另一端用压条钉压在高跨墙体凹槽内，用密封材料封固，中间应尽量下垂在缝中。

（7）等高变形缝类型中，变形缝顶部加扣混凝土盖板或金属盖板，混凝土盖板的接缝应用密封材料嵌填，盖板排水坡度宜不小于 5％，尽量与女儿墙上口排水坡度相适宜。

（8）高低跨变形缝类型中，在高跨墙体凹槽上部钉压金属合成高分子盖板，端头由密封材料密封。

（9）嵌填的密封材料表面应平滑，缝边应顺直，无凹凸不平现象。

（10）变形缝两侧的防水层与屋面防水层的粘接应细致处理。

（11）屋面变形缝与女儿墙变形缝应交圈连贯，确保严密不渗漏。

（12）地下车库种植屋面变形缝两侧设现浇钢筋混凝土墙，防水层泛水高度应比种植土表面高出 250mm 以上。

5. 实例或示意图

实例或示意图见图 3.5-25、图 3.5-26。

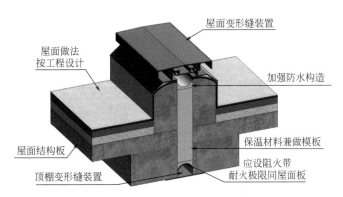

图 3.5-25 屋面与顶棚变形缝三维构造

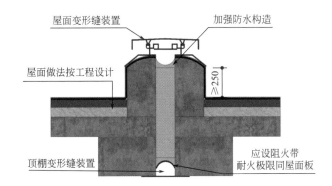

图 3.5-26 屋面与顶棚变形缝剖面图

3.5.7 幕墙变形缝

1. 适用范围

适用于金属幕墙、石材幕墙、人造板幕墙、玻璃幕墙等建筑幕墙变形缝的施工。

2. 质量要求

构造合理，安装牢固，外表平整，界面整齐。

3. 工艺流程

基层表面清理、修整→变形缝内填充保温防火材料→附加防水层施工→变形缝处龙骨安装→变形缝盖板安装→清理→打胶

4. 精品要点

（1）缝内保温、防火、防水材料符合设计要求，功能满足结构变形的要求。

（2）淋水试验合格，无渗漏。

（3）外观效果与幕墙协调一致，宽度一致，上下贯通，界面处理精致。

（4）如遇蘑菇石外墙饰面板，变形缝处盖板宜采用火烧板或镜面板石材挂贴，方便做到收口整齐。如变形缝两侧设有沉降观测点，则观测点部位石材宜采用平板石材，方便收口和易于立尺观测。

5. 实例或示意图

实例或示意图见图 3.5-27～图 3.5-29。

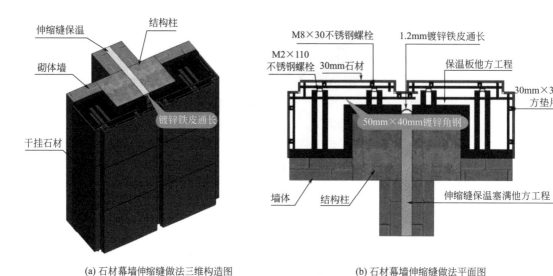

(a) 石材幕墙伸缩缝做法三维构造图　　　(b) 石材幕墙伸缩缝做法平面图

图 3.5-27　石材幕墙伸缩缝做法一

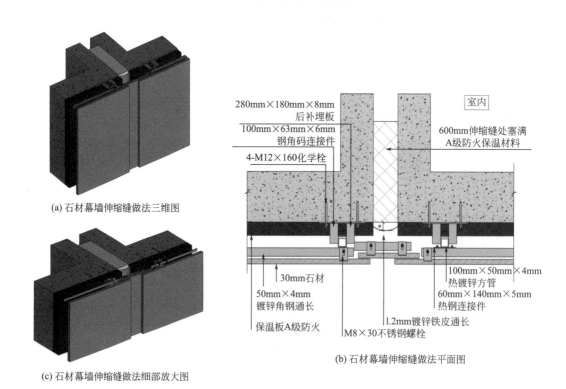

(a) 石材幕墙伸缩缝做法三维图

(c) 石材幕墙伸缩缝做法细部放大图

(b) 石材幕墙伸缩缝做法平面图

图 3.5-28　石材幕墙伸缩缝做法二

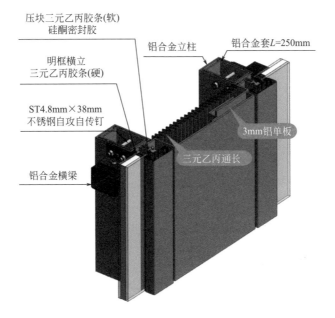

(a) 铝单板伸缩缝做法三维图

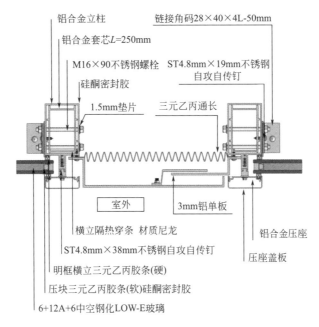

(b) 铝单板伸缩缝做法剖面图

图 3.5-29 铝单板幕墙伸缩缝做法

3.5.8 栏杆、栏板变形缝

1. 适用范围

适用于各类栏杆、栏板变形缝的施工。

2. 质量要求

构造合理，安装牢固，顺直整齐。

3. 工艺流程

埋件预埋→立柱安装→栏杆（板）安装→扶手安装→变形缝连接装置安装→收口处理

4. 精品要点

（1）跨缝立柱对称独立、安装牢固，缝隙宽度满足变形要求。

（2）栏板（杆）整齐划一，无变形。

（3）外观效果与栏杆（栏板）协调统一，扶手收口界面处理精致美观。

5. 实例或示意图

实例图见图 3.5-30、图 3.5-31。

图 3.5-30　石材栏杆变形缝实例图　　　　图 3.5-31　石材栏板变形缝实例图

第4章

公建大堂、走廊、电梯间

4.1 一般规定

（1）大堂、走廊整体排布合理、颜色搭配协调、做工精细。

（2）块料地面的表面应洁净、图案清晰，色泽应一致，接缝应平整、深浅应一致，周边应顺直。板块应无裂纹、掉角和缺棱等缺陷。

（3）块料地面的面层邻接处的镶边用料及尺寸应符合设计要求，边角应整齐、光滑。

（4）大理石、花岗岩面层铺贴前，板块的背面和侧面应进行防碱处理。

（5）大理石、花岗岩面层的表面应洁净、平整，无磨痕，且应图案清晰，色泽一致，接缝均匀，周边顺直，镶嵌正确，板块应无裂纹、掉角、缺棱等缺陷。

（6）地毯表面不应起鼓、起皱、翘边、卷边、显拼缝、露线和毛边，绒面毛应顺光一致，毯面应洁净、无污染和损伤。

（7）地毯同其他面层连接处、收口处和墙边、柱子周围应顺直、压紧。

（8）现浇水磨石整体地面的面层表面应光滑无裂纹、砂眼和磨痕；石粒应密实，显露应均匀；颜色图案应一致，不混色；分格条应牢固、顺直和清晰。

（9）整体地面的面层表面应色泽一致，切缝应顺直，不应有裂纹、脱皮、麻面、起砂等缺陷。

（10）踢脚线与柱、墙面应紧密结合，交圈连贯布置，踢脚线高度及出柱、墙厚度应符合设计要求且均匀一致。

（11）饰面砖表面应平整、洁净，色泽一致，应无裂痕和缺损。

（12）内墙面突出物周围的饰面砖应整砖套割吻合，边缘应整齐。墙裙、贴脸突出墙面的厚度应一致。

（13）饰面砖接缝应平直、光滑，填嵌应连续、密实；宽度和深度应符合设计要求。

（14）饰面板表面应平整、洁净，色泽一致，应无裂痕和缺损。表面应无泛碱等污染。

（15）饰面板填缝应密实、平直，宽度和深度应符合设计要求，填缝材料色泽应一致。

（16）饰面板上的孔洞应套割吻合，边缘应整齐。

（17）涂饰墙面应涂饰均匀、粘结牢固，不得露头露涂、透底、开裂、起皮和反锈。

（18）涂层与其他装修材料和设备衔接处应吻合，界面应清晰。

（19）裱糊后的壁纸、墙布表面应平整，不得有波纹起伏、气泡、裂缝、皱折；表面色泽应一致，不得有斑污，斜视时应无胶痕。

（20）壁纸、墙布与装饰线、踢脚板、门窗框的交接处应吻合、严密、顺直。与墙面上电气槽、盒的交接处套割应吻合，不得有缝隙。

（21）壁纸、墙布边缘应平直整齐，不得有纸毛、飞刺。

（22）吊顶面层材料表面应洁净、色泽一致，不得有翘曲、裂缝及缺损。压条应平直、宽窄一致。

（23）吊顶面板上的灯具、烟感器、喷淋头、风口箅子和检修口等设备设施的位置应合理美观，与面板的交接应吻合、严密。

（24）金属龙骨的接缝应均匀一致，缝隙应吻合，表面应平整，应无翘曲和锤印。木质龙骨应顺直，应无劈裂和变形。

（25）吊顶内填充吸声材料的品种和铺设厚度应符合设计要求，并应有防散落措施。

（26）格栅吊顶内楼板、管线设备等表面处理应符合设计要求，吊顶内各种设备管线布置应合理、美观。

（27）消火栓箱、配电箱等安装位置合理，便于操作。

4.2 规范要求

4.2.1 《建筑装饰装修工程质量验收标准》GB 50210—2018

7.1.12 重型设备和有振动荷载的设备严禁安装在吊顶工程的龙骨上。

3.1.1 建筑装饰装修工程应进行设计，并应出具完整的施工图设计文件。

3.1.4 既有建筑装饰装修工程设计涉及主体和承重结构变动时，必须在施工前委托原结构设计单位或者具有相应资质条件的设计单位提出设计方案，或由检测鉴定单位对建筑结构的安全性进行鉴定。

3.2.3 建筑装饰装修工程所用材料应符合国家有关建筑装饰装修材料有害物质限量标准的规定。

3.2.8 建筑装饰装修工程所使用的材料应按设计要求进行防火、防腐和防虫处理。

3.3.3 建筑装饰装修工程施工中，不得违反设计文件擅自改动建筑主体、承重结构或主要使用功能。

3.3.4 未经设计确认和有关部门批准，不得擅自拆改主体结构和水、暖、电、燃气、通信等配套设施。

3.3.5 施工单位应采取有效措施控制施工现场的各种粉尘、废气、废弃物、噪声、振动等对周围环境造成的污染和危害。

4.2.2 《托儿所、幼儿园建筑设计规范（2019 年版）》JGJ 39—2016

4.1.11 楼梯、扶手和踏步等应符合下列规定：

1 楼梯间应有直接的天然采光和自然通风；

2 楼梯除设成人扶手外，应在梯段两侧设幼儿扶手，其高度宜为 0.60m；

3 供幼儿使用的楼梯踏步高度宜为 0.13m，宽度宜为 0.26m；

4 严寒地区不应设置室外楼梯；

5 幼儿使用的楼梯不应采用扇形、螺旋形踏步；

6 楼梯踏步面应采用防滑材料，<u>踏步踢面不应漏空，踏步面应做明显警示标识</u>；

7 楼梯间在首层应直通室外。

4.1.12 幼儿使用的楼梯，当楼梯井净宽度大于 0.11m 时，必须采取防止幼儿攀滑措施。楼梯栏杆应采取不易攀爬的构造，当采用垂直杆件做栏杆时，其杆件净距不应大于 0.09m。

4.2.3 《建筑工程饰面砖粘结强度检验标准》JGJ/T 110—2017

3.0.2 带饰面砖的预制构件进入施工现场后，应对饰面砖粘结强度进行复验。

4.2.4 《建筑地面工程施工质量验收规范》GB 50209—2010

3.0.3 建筑地面工程采用的材料或产品应符合设计要求和国家现行有关标准的规定。

5.7.4 不发火（防爆）面层中碎石的不发火性必须合格；砂应质地坚硬、表面粗糙，其粒径应为 0.15mm～5mm，含泥量不应大于 3%，有机物含量不应大于 0.5%；水泥应采用硅酸盐水泥、普通硅酸盐水泥；面层分格的嵌条应采用不发生火花的材料配制。配制时应随时检查，不得混入金属或其他易发生火花的杂质。

4.2.5 《电影院建筑设计规范》JGJ 58—2008

4.6.1 室内装修不得遮挡消防设施标志、疏散指示标志及安全出口，并不得妨碍消防设施和疏散通道的正常使用。

4.2.6 《民用建筑工程室内环境污染控制标准》GB 50325—2020

1.0.5 民用建筑工程所选用的建筑主体材料和装饰装修材料应符合本标准有关规定。

3.2.1 民用建筑工程室内用人造木板及其制品应测定游离甲醛释放量。

4.3.5 民用建筑室内装饰装修时，不应采用聚乙烯醇缩甲醛类胶粘剂。

4.3.7 Ⅰ类民用建筑室内装饰装修粘贴塑料地板时，不应采用溶剂型胶粘剂。

4.3.8　Ⅱ类民用建筑中地下室及不与室外直接自然通风的房间粘贴塑料地板时，不宜采用溶剂型胶粘剂。

5.1.3　当建筑主体材料和装饰装修材料进场检验，发现不符合设计要求及本标准的有关规定时，不得使用。

5.3.3　民用建筑室内装饰装修时，严禁使用苯、工业苯、石油苯、重质苯及混苯等含苯稀释剂和溶剂。

4.2.7　《建筑设计防火规范（2018年版）》GB 50016—2014

5.3.2　建筑内设置自动扶梯、敞开楼梯等上、下层相连通的开口时，其防火分区的建筑面积应按上、下层相连通的建筑面积叠加计算。

5.4.5　医院和疗养院的住院部分不应设置在地下或半地下。

医院和疗养院的住院部分采用三级耐火等级建筑时，不应超过2层；采用四级耐火等级建筑时，应为单层；设置在三级耐火等级的建筑内时，应布置在首层或二层；设置在四级耐火等级的建筑内时，应布置在首层。

医院和疗养院的病房楼内相邻护理单元之间应采用耐火极限不低于2.00h的防火隔墙分隔，隔墙上的门应采用乙级防火门，设置在走道上的防火门应采用常开防火门。

6.1.5　防火墙上不应开设门、窗、洞口，确需开设时，应设置不可开启或火灾时能自动关闭的甲级防火门、窗。

可燃气体和甲、乙、丙类液体的管道严禁穿过防火墙。防火墙内不应设置排气道。

8.4.1　下列建筑或场所应设置火灾自动报警系统：

7　大、中型幼儿园的儿童用房等场所，老年人照料设施，任一层建筑面积大于1500m² 或总建筑面积大于3000m² 的疗养院的病房楼、旅馆建筑和其他儿童活动场所，不少于200床位的医院门诊楼、病房楼和手术部等；

9　净高大于2.6m且可燃物较多的技术夹层，净高大于0.8m且有可燃物的闷顶或吊顶内；

13　设置机械排烟、防烟系统，雨淋或预作用自动喷水灭火系统，固定消防水炮灭火系统、气体灭火系统等需与火灾自动报警系统联锁动作的场所或部位。

4.2.8　《民用建筑设计统一标准》GB 50352—2019

6.7.4　住宅、托儿所、幼儿园、中小学及其他少年儿童专用活动场所的栏杆必须采取防止攀爬的构造。当采用垂直杆件做栏杆时，其杆件净间距不应大于0.11m。（强条）

6.8.9　托儿所、幼儿园、中小学校及其他少年儿童专用活动场所，当楼梯井净宽大于0.2m时，必须采取防止少年儿童坠落的措施。（强条）

6.17.2　室内装修设计应符合下列规定：

1　室内装修不得遮挡消防设施标志、疏散指示标志及安全出口，并不得影响消防设施和疏散通道的正常使用。

4.3 管理规定

（1）创建精品工程应以经济、适用、美观、节能环保及绿色施工为原则，做到策划先行，样板引路，过程控制，一次成优。

（2）质量策划、创优策划工作应全面、细致，从工程质量及使用功能等方面综合考虑，明确细部做法、统一质量标准，加强过程质量管控措施，达到一次成优。

（3）采用 BIM 模型、文字及现场样板交底相结合的方式进行全员交底，明确施工工序、质量要求及标准做法，以确保策划的有效落地。

（4）各专业所采用的材料、设备应有产品合格证书和性能检测报告，其品种、规格、性能等应符合国家现行产品标准和设计要求。

（5）施工前对该项施工，一定要制定详细的技术交底，交底中要有明确的质量要求，并直接交底到班组，实际操作人员应做到心中有数。

（6）施工中控制，要做到样板引路、责任到人、过程监控。进行大面积施工前，必须先施工样板段（面），并进行验收评定。

（7）重点部位的管线、设备安装应提前做好安装方案，确定节点做法，做好综合排布图，施工前针对这些重点部位及施工难点做好技术交底及质量要求交底。

（8）加强施组方案编制及执行力度，做好项目前期工作。

（9）加强对现场制作的半成品的监管，按照质量管理体系要求做好"三检"工作，注重隐蔽工程的质量控制，发现问题及时处理，不留质量隐患，避免损失。

（10）大堂、走廊等重要部位的墙、顶、地面排板、色带、拼缝应统一协调。

（11）走廊吊顶及吊顶内管道走向的二次设计，应使吊顶面的各种构配件做到整齐划一、走向统一。特别要注意管道支架的统一制作、统一安装。

（12）以现场基层湿作业先行、吊顶封板为关键线路、面层湿作业需要重点关注、所有的机电施工、隔墙封板、防水施工为大前提，抓住关键工序，干好每一步工作。

4.4 深化设计

4.4.1 公建大堂、走廊、电梯间深化设计的概念和意义

1. 深化设计的概念

公建大堂、走廊、电梯间的深化设计是指建筑设计和室内设计之后的设计，与建筑设计既有联系又有区别，有联系是指深入建筑设计和室内设计，有区别是指原建筑设计和室内设计未完成的或自身不能完成的那部分设计，它具有综合设计、业主、现场情况，结合厂家、施工单位的能力进行再创作的特点。需要各专业协同工作、系统深化，做到深化排布合理、系统功能完善、观感效果美观。深化设计图需经总包、监理、业主及设计单位会签后实施。

2. 深化设计的作用

深化设计是根据提供的施工图及对创建精品工程策划要求进行的，为实现过程精品和

105

工程精品，根据工程的施工图纸，依据工程策划有针对性地绘制施工装配图纸、加工尺寸和节点构造，直接用以指导加工和生产。

4.4.2 深化设计原则

（1）将图纸内容转化为实物产品。

拿到图纸之后应全面熟悉图纸和了解设计意图及业主的要求，根据工程难点、特点进行思考策划。针对大堂、走廊、电梯间的各部位，设计出图样新颖、造型独特、美观大方并符合人们传统审美感的装饰方案，塑造亮点。对支架及吊杆等的安装位置，对照明灯具、风口、消防探头点位置等进行综合考虑，对称设计，规律性安排。

（2）将工程质量按国家验收标准控制转化为高于国家标准的地方或企业标准控制。大堂、走廊、电梯间饰面板（砖）除主控及允许偏差项目控制高于规范外，还可以要求对称、对花、对线、不空鼓、不打磨、不用小于半砖，套割严密、缝隙均匀、勾缝光滑平直等。对吊顶的灯具、烟感器、喷淋、风口等布局要求对称、居中、成排成线、协调等。

（3）将简易的转化为精致的。

目前装饰工程中使用的材料不少是普通材料，以普通材料创精品就在于构思的新颖和精湛的工艺，做到精雕细刻。

（4）将不协调的转化为协调的。

建筑设计平面、立面的弧形、多边形等造型经常相碰，因此在不同形状平面相交时，可能会出现地面和吊顶布局的不协调。这种不协调可用分割空间等手法进行处理，将其转化为相互协调。

4.4.3 深化设计的内容

1. 墙面深化设计

墙面深化设计的首要工作是对未明确具体安装方法的进行深化设计，然后按照原计划的排板风格进行优化。现场轴线、中线等主控线放线到位，对墙体位置进行校核，对走廊方正进行校核。根据安装方法测放墙面成活面线，测量必须准确完整。深化设计时，必须考虑左右对称、与地面造型对应、施工缝隙、施工厚度、设备终端安装位置、边角不出小条块等要素，同时满足人体工程学、使用功能，以及方便其他作业安装。

2. 地面深化设计

地面深化设计主要表现在材料种类设计、造型设计、排板设计、纹理设计、收口设计、标高设计及兼有地面末端点位定位设计。走廊地砖应对称布置，非整砖部分宜做波打线对称设计，公共建筑通道应考虑盲道等无障碍设施的深化设计与总体地面分格的协调一致性。楼地面变形缝应满足变形功能兼顾整体美观进行综合设计。

3. 吊顶深化设计

吊顶深化设计的主要工作是调整、完善吊顶综合布置图。在满足相关专业设计、技术、质量规范的基础上，根据墙地面砖排板，重点结合使用功能，调整灯具、风口、喷淋、烟感、扩声器等各设备终端点位和检查口位置，调整吊顶造型尺寸，做到横成排，竖成行，并细化不同标高或不同材质吊顶之间以及吊顶与墙面交界部位的衔接过渡处理节点设计。

医院走廊墙砖深化设计时尽量做到使用全部整砖，并进行合理的排砖设计，若出现非整砖也要做到对称美观，不足整块的应设在边角处，且不允许出现小于1/2整砖的面砖。墙角、柱角等尖角部位充分考虑使用人群宜按圆弧设计。踢脚考虑便于清洁不宜突出墙面宜按隐藏式设计。

墙砖排板满足要求后方可铺贴施工，排板一般包括砖缝大小、图案及色泽等，墙砖、地砖、吊顶要保持对缝一致。

4.5 关键节点工艺

4.5.1 块料地面施工

1. 砖面层（缸砖、陶瓷地砖）

1）适用范围

适用于公建大堂、走廊、电梯间有精装修要求的公共大厅、走廊的板块类砖面层施工。

2）质量要求

（1）饰面砖的品种、规格、图案、颜色和性能应符合设计及国家现行有关标准的要求。

（2）板块无裂纹、缺楞、掉角等缺陷。

（3）面层与下一层应结合（粘结）牢固、无空鼓。

（4）接缝平整顺直、无色差、排砖合理、分隔美观。

（5）加强成品保护措施，地砖养护期间严禁上人踩踏。

（6）板块面层的伸缩缝、分隔缝留设应符合设计要求。

（7）块料地面的面层邻接处的镶边用料及尺寸应符合设计要求，边角应整齐、光滑。

3）工艺流程

检验预拌水泥砂浆、面砖质量→选砖→现场测量实际尺寸→排板及弹线→基层处理→浸砖→铺贴面砖→养护→填缝与清理→检查验收

4）精品要点

（1）应根据现场实际测量尺寸，按照对称、居中、对缝原则进行排板，无小于1/2窄条砖，非整砖应排在阴角处或不明显处，且应用水刀切割，确保无锯齿或崩边现象。

（2）按照大堂、走廊整体的使用布局，面砖颜色应搭配合理，视觉效果舒适自然。

（3）饰面砖应色泽一致、图案清晰、无色差，砖缝宽窄一致，接缝平整，周边应顺直。

（4）勾缝要求清晰顺直、平整光滑、深浅一致，缝应低于砖面0.5～1mm。

（5）为了增加美观性，应采取墙砖压地砖的铺贴方式，避免"朝天缝"，且宜与踢脚线或墙砖对缝。

（6）走廊地砖宜集中对称排布，波打线应宽度一致，连续设置，转角应45°对缝。

（7）地面辐射供暖的地砖面层伸缩缝及分格缝应符合设计要求；设计无要求时宜按

6～8m 间距留缝，面层与柱、墙之间应留不小于 10mm 的空隙。

（8）无障碍通道应符合设计要求。

5）实例或示意图

实例或示意图见图 4.5-1～图 4.5-4。

图 4.5-1　砖表面平整光滑顺直

图 4.5-2　地砖排布对称、居中

图 4.5-3　勾缝示意图

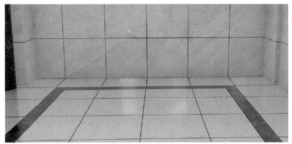

图 4.5-4　地砖排布合理、墙地对缝

2. 大理石（花岗石）面层

1）适用范围

适用于有精装修要求的公共大厅、走廊的大理石（花岗石）地面施工。

2）质量要求

（1）大理石（花岗石）的品种、规格、图案、颜色应符合设计及国家现行有关标准的要求，镜面光泽度宜在 85 度及以上。

（2）大理石（花岗石）的放射性、有害物质限量规定应符合设计及国家现行有关标准的要求。

（3）大理石（花岗石）板材无裂纹、缺楞、掉角、翘曲等缺陷。

（4）大理石（花岗石）板材应与结合层粘结牢固、无空鼓。

（5）大理石（花岗石）板块铺设前，为了防止石材地面返碱现象的发生，应对板材做六面体防碱背涂处理，同时应根据石材品种的不同选用适合板材的防碱防护剂。

（6）接缝平整顺直、无色差、排板合理、分隔美观。

（7）板块面层的伸缩缝、分隔缝留设应符合设计要求。

（8）加强成品保护措施，大理石养护期间严禁上人踩踏。

3）工艺流程

准备工作→试拼→弹线→试排→基层处理→铺砂浆及砂浆结合层→铺大理石（花岗石）→灌缝、擦缝→养护→打蜡、结晶→检查验收

4）精品要点

（1）按照大堂、走廊整体的使用功能布局，大理石（花岗石）颜色、花纹、图案应搭配合理，视觉效果舒适、自然、美观。

（2）应根据现场实际测量尺寸，按照石材的颜色、花纹、图案、纹理等设计要求绘制排板图，碎拼大理石应提前按图试拼编号。

（3）根据试拼石材板编号及施工大样图，结合大堂、走廊尺寸，把石材板块排好，检查板块之间的缝隙，核对板块与墙面、柱、洞口等部位的相对位置。

（4）大理石（花岗石）板块缝隙要严密，最大缝隙应不大于1mm，如是开放式干挂设计，缝宽应按深化设计要求设置。

（5）大理石（花岗石）面层的表面应洁净、平整、无磨痕，应图案清晰，色泽一致，接缝均匀，周边顺直，纹理镶嵌正确。

（6）地面辐射供暖的石材面层伸缩缝及分格缝应符合设计要求；设计无要求时宜按6~8m间距留缝，面层与柱、墙之间应留出不小于10mm的空隙。

（7）无障碍通道应符合设计要求。

5）实例或示意图

实例或示意图见图4.5-5~图4.5-8。

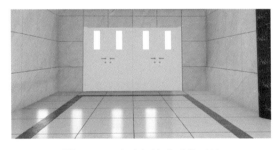

图4.5-5　地砖与墙砖对称对缝

图4.5-6　大理石纹理清晰、色泽一致

图4.5-7　大理石走廊地面

图4.5-8　大理石大厅地面

4.5.2 整体地面施工

1. 地毯地面

1）适用范围

地毯楼地面具有吸声、弹性、保温、脚感舒适等特点，地毯色彩图案丰富，本身就是工艺品，能给人以华丽、高雅的感觉。适用于有精装修要求的公共大厅、接待室、酒店走廊、电梯间。

2）质量要求

（1）地毯的品种、规格、色泽、图案应符合设计及国家现行有关标准的要求。

（2）材料应选用材质优良、不易褪色、耐磨性好、回弹性好、防静电、图案清晰、色泽一致的地毯。

（3）固定地毯的金属卡条（倒刺板）、金属压条、专用双面胶带等必须符合设计要求。

（4）地毯面层应采用地毯块材或卷材，以空铺法或实铺法在水泥类面层（或基层）上铺设。

（5）铺设地毯的地面面层（或基层）表面应坚实、平整、洁净、干燥，无凹坑、麻面、起砂、裂缝，并不得有油污及其他凸出物。

（6）地毯衬垫应满铺平整，地毯拼缝处不应露底衬。

（7）地毯应平整、洁净，无松弛、起鼓、褶皱、翘边等缺陷。

（8）地毯接缝粘结应牢固，接缝严密，无明显接头、离缝。

（9）颜色、光泽应一致，无明显错花、错格现象。

（10）地毯四周边与倒刺板应嵌挂牢固、整齐。门口、进口处收口顺直，边须严密，封口平整。

3）工艺流程

基层清理→弹线套方、分格定位→地毯剪裁→钉倒刺板条→铺衬垫→铺地毯→细部收口→修理、清理→检查验收

4）精品要点

（1）按照大堂、走廊整体的设计要求，对房间的铺设尺寸进行实际测量找方，并在地面弹出地毯的铺设基准线和分格定位线。

（2）根据放线定位的数据，剪裁出地毯，长度应比房间长 20mm。

（3）应将倒刺板条沿房间四周踢脚线边缘，牢固钉在地面基层上，倒刺板条应距踢脚线 8～10mm。

（4）衬垫施工时应采用点粘法施工，粘在地面基层，同时应离开倒刺板 10mm 为宜。

（5）地毯铺设时，应先将地毯的长边固定在倒刺板上，毛边掩到踢脚板下，用地毯撑子拉伸地毯，直到拉平为止；然后用同样的方法固定另一边。一个方向拉伸完，再进行另一个方向的拉伸，直到四个均固定在倒刺板上。拉伸完毕时应确保地毯的图案无扭曲变形。

（6）活动地毯铺设时应按中间十字线铺设十字控制块，之后按照十字控制块向四周铺设，大面积铺设时应分段、分部位铺贴。

（7）地毯与其他地面材料交接处和门口等部位，应用收口条做收口处理，其收口做法

应符合设计要求。

5）实例或示意图

实例或示意图见图 4.5-9～图 4.5-12。

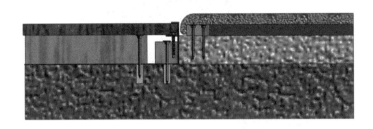

图 4.5-9 地毯地面与木地板相接剖面图

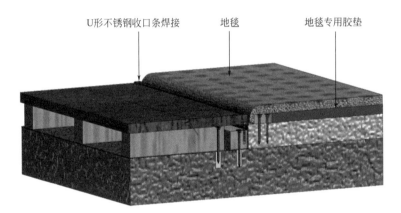

图 4.5-10 地毯地面与木地板相接三维视图

图 4.5-11 地毯地面与大理石门槛相接剖面图

2. 水磨石（晶磨石）面层施工

1）适用范围

适用于有精装修要求的公共大厅、走廊的水磨石（晶磨石）面层施工。

2）质量要求

（1）水磨石面层所用的颜料、水泥、石子应符合设计及国家现行有关标准的要求。

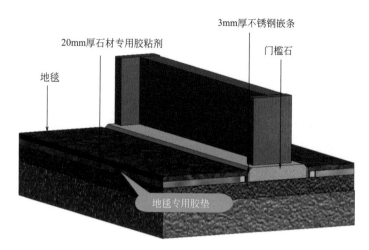

图 4.5-12　地毯地面与大理石门槛相接三维视图

（2）水磨石面层应采用水泥与石粒拌和铺设，有防静电要求时，拌合料内应按设计要求掺入导电材料。面层厚度除有特殊要求外，宜为 12～18mm，且宜按石粒粒径确定。

（3）水磨石面层的厚度、颜色和图案应符合设计要求。

（4）白色或浅色的水磨石面层应采用白水泥；深色的水磨石面层宜采用硅酸盐水泥、普通硅酸盐水泥或矿渣硅酸盐水泥；同颜色的面层应使用同一批水泥。同一彩色面层应使用同厂、同批的颜料；其掺入量宜为水泥重量的 3%～6%或由试验确定。

（5）水磨石面层的结合层采用水泥砂浆时，其强度等级应符合设计要求且不应小于 M10，稠度宜为 30～35mm。

（6）防静电水磨石面层中采用导电金属分格条时，分格条应经绝缘处理，且十字交叉处不得碰接。

（7）普通水磨石面层磨光遍数不应少于 3～4 遍。高级水磨石面层的厚度和磨光遍数应由设计确定。

（8）水磨石面层磨光后，在涂草酸和上蜡前，其表面不得污染。

（9）防静电水磨石面层应在表面清洁、干燥后，在表面均匀涂抹一层防静电剂和地板蜡，并应做抛光处理。

（10）整体水磨石面层施工时，地面变形缝的位置应按设计要求设置，并应符合大面积水泥类面层应设置分格缝的规定。

3）工艺流程

找标高、弹线→基层处理→浇水湿润→冲筋→铺抹底灰→弹分格线→涂刷结合层→铺石粒浆→滚压密实及铺抹压平→试磨→粗磨→细磨→涂抹混凝土固化剂→精磨→涂抹水晶加硬剂、配合晶面膜上光养护剂→抛光→清理验收

4）精品要点

（1）在铺灰施工前应将基层浇水充分湿润，刷 1∶0.5 水泥砂浆一遍，加强与现浇混凝土的粘接。

（2）根据墙面+500mm 水平线，下返量尺至地面垫层标高，留出面层厚度，并用干硬性砂浆冲筋，冲筋间距一般为 1～1.5m。

（3）铺抹底灰平整度应符合要求。

（4）按照设计要求选用的分格条镶嵌，应按5m通线检查，偏差不应超过1mm。

（5）涂刷结合层时应随刷随抹石粒浆，两者紧密结合。

（6）石粒浆计量准确，拌和均匀，厚度除特殊要求外，一般为12～18mm，稠度不应大于60mm。

（7）石粒浆压平后应高出分格条3～5mm为宜。

（8）石粒罩面完成后，次日进行浇水养护，养护时间常温时一般为5～7d。

（9）水磨石面层开面前应试磨，以石粒不松动为准，一般达到10～13MPa时可开始初磨。

（10）粗磨、细磨完成后，应将水磨石表面清理干净，待地面晾干无明水后均匀涂抹混凝土密封固化剂，并使固化剂在地面湿润状态下保持60min的反应时间，待混凝土固化剂与水磨石的化学成分发生深刻化学反应，使其成分固化成坚固实体，在水磨石表面形成结晶。

（11）对需做水磨石地面晶面处理的房间进行封闭，以防止灰尘杂物污染地面。精磨完成待地面晾干无明水、颜色一致后均匀喷上水晶加硬剂及晶膜养护剂，然后均匀细致抛光。

（12）水磨石地面石粒应显露均匀，分格条图案应显露清晰，表面应平整、光洁。

5）实例或示意图

实例或示意图见图4.5-13、图4.5-14。

图4.5-13　水磨石地面表面平整、光亮　　　图4.5-14　金属分隔条45°角

3. PVC地面施工

1）适用范围

PVC楼地面具有绿色环保、超薄超轻、超强耐磨、吸声防噪等特点。适用于有精装修要求的医院、学校、幼儿园、酒店等的走廊及大堂PVC地面施工。

2）质量要求

（1）PVC地板面层的规格应符合设计要求和国家规定标准。

（2）材料应选用材质优良、不易褪色、耐磨性好、回弹性好、防静电、图案清晰、色泽一致的PVC地板。

（3）面层与基层之间应粘接牢固，不得出现翘边、脱胶等情况。

（4）表面洁净，图案清晰，色泽一致，接缝顺直、严密、美观。拼缝处的图案、花纹吻合，无胶痕，与墙边交接严密，阴阳角收边方正。

（5）基层表面无麻面、裂纹现象，在基层养护过程中，不得上人，避免出现空鼓。

（6）粘贴面层的基底表面必须平整、光滑、干燥、密实、洁净。不得有裂纹、胶皮和起砂。

（7）踢脚线表面洁净，粘结牢固，接缝平整，出墙厚度一致，上口平直。

（8）地面镶边用料尺寸准确，边角整齐，拼接严密，接缝顺直。

3）工艺流程

清洁基层地面→检测地坪→地坪预处理→自流平打底→地板预铺及裁割→地板粘贴→排气、滚压→地板开缝→地板焊接→清洁、保养→检查验收

4）精品要点

（1）用硬度测试仪检测结果应是基层的表面硬度不低于1.2MPa，PVC地板材料的施工，基层的不平整度应在2m直尺范围内高低落差小于2mm，否则应采用适合的自流平进行找平。

（2）采用地坪打磨机配适当的磨片对地坪进行整体打磨，除去油漆、油渍、化学溶剂、硫化物或固化物、密闭剂、沥青和胶水等残留物，凸起和疏松的地块、有空鼓的地块也必须去除。

（3）当房间长向不大于20m时，塑料卷材一般顺房间的长向打开。量出所需长度和拼接的缝数，对软板进行剪裁。剪裁时应留有一定余量。必要时对剪裁好的板材进行编号，以便铺贴时对号入座。

（4）塑料板粘贴完毕24h后，可以进行接缝处理。用专用V形割刀在板缝处开出V形槽口。

（5）在接缝改向时削去多余的焊条，并在原焊条末端开2cm长的槽。即可从反向开始焊接。覆盖原焊条的开槽部分后继续前行2cm左右即可。

（6）地面平整。在任意的2m²内，用2m直尺跨地，上下落差不得超过5mm。

5）实例或示意图

实例图见图4.5-15。

图4.5-15　走廊PVC地板色带效果

4.5.3　饰面砖墙面施工

1. 陶瓷砖粘贴施工

1）适用范围

适用于公建大堂、走廊、电梯间墙面陶瓷砖湿贴法施工。

2）质量要求

（1）混凝土墙面基层处理：将凸出墙面的混凝土剔平，将残存在基层的砂浆粉渣、灰尘、油污清理干净，对表面较光滑的基体混凝土凿毛，或用掺界面剂胶的水泥细砂浆做成

拉毛墙面，也可刷界面剂、并浇水湿润基层。

（2）抹灰墙面基层处理：将基层表面的灰尘和污渍清理干净，对基层的平整度、垂直度进行检查，偏差较大者采用水泥砂浆进行找平。

（3）饰面砖的品种、规格、图案、颜色和性能应符合设计及国家现行有关标准的要求。

（4）饰面砖粘贴工程的找平、防水、粘结和勾缝材料及施工方法应符合设计要求及国家现行产品标准和工程技术标准的规定。

（5）浸泡砖时，应将面砖清扫干净，放入净水中浸泡 2h 以上，取出待表面晾干或擦干净后方可使用。

（6）满粘法施工的饰面砖工程应无空鼓、裂缝。

（7）饰面砖粘贴必须牢固。

3）工艺流程

检验预拌水泥砂浆、墙砖质量→选砖→实际尺寸测量→排砖及弹线→基底处理→浸砖→铺贴面砖→养护→填缝与清理→检查验收

4）精品要点

（1）应根据实际测量尺寸，按照对称、居中、对缝的原则进行排板，无小于 1/2 窄条砖，非整砖应排在阴角处或不明显处。

（2）饰面砖应色泽一致，无色差，砖缝宽窄一致、交圈，接缝平整。

（3）与门窗上口宜对缝铺贴，与地砖宜对缝铺贴，门窗两侧宜对称铺贴。

（4）水、暖、电等线、管、盒应居于板块中间或沿一边齐缝。

（5）砖缝必须严格找水平弹线，立面应垂直方正，阳角应 45°倒角拼缝、拼缝严密。

（6）贴完经自检无空鼓、不平、不直后，清除缝隙里面的浮尘、杂质等，用填缝材料填缝。缝隙内勾缝剂的填嵌应密实、连续，水平缝和垂直缝相交处应处理细致。

（7）遇消火栓箱门宜齐缝镶贴，并做好界面处理。

5）实例或示意图

实例图见图 4.5-16。

图 4.5-16　走廊墙砖对称排布

2. 天然石材、人造石湿贴施工

1）适用范围

适用于公建大堂、走廊、电梯间墙面陶瓷砖湿贴法施工。

2）质量要求

（1）混凝土墙面基层处理：将凸出墙面的混凝土剔平，将残存在基层的砂浆粉渣、灰尘、油污清理干净，对表面较光滑的基体混凝土凿毛，或用掺界面剂胶的水泥细砂浆做成拉毛墙面，也可刷界面剂、并浇水湿润基层。

（2）抹灰墙面基层处理：将基层表面的灰尘和污渍清理干净，对基层的平整度、垂直度进行检查，偏差较大者采用水泥砂浆进行找平。

（3）天然石材板和人造石材板的品种、规格、颜色和性能应符合设计要求。

（4）应绘制排砖图，要求按饰面砖规格尺寸结合基体尺寸进行预排，可以合理安排非整砖。在同一墙面上的饰面砖排列原则上不得有一行以上的非整砖，如确有一行以上的非整砖时，应科学合理安排，使之协调、美观。

（5）遇到凸出的管线、灯具、洁具、暖气设备时，应用整砖套割吻合，不得用破砖拼接镶贴。门窗两侧排整砖，向两侧排。大面积施工前应先做样板，经有关部门验收合格后，再大面积施工。

（6）一般由下向上镶贴。镶贴前，墙面应先清理干净并洒水湿润。采用专用塑料卡子，以确保灰缝宽窄一致。

3）工艺流程

清理基层→吊垂直线，贴灰饼→水泥砂浆找平层→弹控制线→石材刷防护剂→涂刷胶粘剂→铺贴石材、表面勾缝、填缝→石材表面结晶护理

4）精品要点

（1）应根据实际测量尺寸，按照对称、居中、对缝原则进行排板，石材尺寸均匀，特殊部位用大板。

（2）饰面石板表面应平整、洁净、色泽一致，无裂纹和缺损，无二次打磨现象，镜面光泽度宜在85度以上。石材表面应无泛碱污染，饰面板嵌缝应密实、平直、宽窄一致、交圈，接缝平整，嵌填材料色泽应一致。

（3）采用湿作业法施工的饰面板工程，石材应进行防碱背涂处理。饰面板与基体之间的灌注材料应饱满、密实。

（4）饰面板上的孔洞应套割吻合，边缘应整齐。

（5）门、窗、洞口两侧应对称铺贴。

（6）有纹理要求的天然石材应按照深化设计要求拼花铺贴美观。

（7）遇消火栓箱门宜齐缝镶贴，并做好界面处理。

5）实例或示意图

实例或示意图见图 4.5-17、图 4.5-18。

4.5.4 饰面板墙面干挂施工

1. 石材饰面板工程施工

1）适用范围

适用于公建大堂、走廊、电梯间墙面干挂石材施工。

2）质量要求

（1）检查石材的质量、规格、品种、数量、力学性能和物理性能是否符合设计要求，

图 4.5-17　走廊墙裙

图 4.5-18　电梯间块料墙面

并进行表面处理工作。同时应符合现行国家标准《建筑材料放射性核素限量》GB 6566 的要求。

（2）水电及设备、墙上预留预埋件已安装完。

（3）安装系统隐蔽项目已经验收。

（4）饰面石材板的品种、防腐、规格、形状、平整度、几何尺寸、光洁度、颜色和图案必须符合设计要求，要有产品合格证。

（5）石材应用护理剂进行石材六面体防护处理。

（6）预埋件应牢固，位置准确，应根据设计图纸进行复查。

（7）石板安装工程的预埋件（或后置埋件）、连接件的材质、数量、规格、位置、连接方法和防腐处理应符合设计要求。后置埋件的现场拉拔力应符合设计要求。石板安装应牢固。

（8）石材表面平整、洁净；拼花正确、纹理清晰通顺，颜色均匀一致；非整板部位安排适宜，阴阳角处的板压向正确。

（9）缝格均匀，板缝通顺，接缝填嵌密实，宽窄一致，无错台错位。

（10）遇消防箱门宜齐缝挂贴，并应确保箱门开启达到120°以上。

3）工艺流程

基层清理→放控制线、石材排板放线→挑选石材→预排石材→打膨胀螺栓孔→安装钢骨架→安装调节片→石材开槽、固定→石材安装→清理、石材结晶。

4）精品要点

（1）应根据实际测量尺寸，综合考虑石材规格、吊顶造型、地面材料规格，墙顶地相呼应。墙面按照对称、居中、对缝原则进行排板，石材规格均匀，特殊部位石材加宽。

（2）石板上的孔洞应套割吻合，边缘应整齐、方正。

（3）墙面石材与踢脚线、地面块材通缝。

（4）石板填缝应密实、平直，宽度和深度应符合设计要求，填缝材料色泽应一致。

（5）饰面板表面应平整、洁净、色样一致，无裂纹和缺损。石材表面无磨痕、无泛碱等污染。

（6）门窗、洞口两侧石材对称，水、暖、电等线、管、盒应居于板块中间或沿一边齐缝。

（7）如遇防火分区，防火卷帘与地面应协调一致。

5）实例或示意图

实例或示意图见图 4.5-19、图 4.5-20。

图 4.5-19　饰面板与吊顶对缝

图 4.5-20　墙地对缝

2. 金属板饰面板工程施工

1）适用范围

适用于公建大堂、走廊、电梯间墙面金属饰面板施工。

2）质量要求

（1）面板的品种、规格、颜色和性能应符合设计要求。

（2）饰面板安装工程的后置埋件、连接件的数量、规格、位置、连接方法和防腐处理必须符合设计要求。后置埋件的现场拉拔强度必须符合设计要求。饰面板安装必须牢固。

（3）采用平挂安装的饰面板工程，金属板应进行防坠落加固处理。

（4）金属板表面应平整、洁净、色泽一致。

（5）金属板接缝应接缝平直、宽度应符合设计要求。

3）工艺流程

放线→饰面板加工→埋件安装→骨架安装→骨架防腐→保温、吸声层安装→金属面板安装→板缝打胶、收口处理→板面清洁。

4）精品要点

（1）应根据实际测量尺寸，按照均匀、对称、居中、对缝原则进行排板，与交接材料对缝。

（2）饰面板表面应平整、洁净、色样一致，无裂纹和缺损。金属板表面应无锈蚀等污染。

（3）饰面板嵌缝应密实、平直，宽度和深度应符合设计要求，嵌填材料色泽应一致。

（4）饰面板上的孔洞应套割吻合，边缘应整齐、方正。

5）实例或示意图

实例或示意图见图 4.5-21、图 4.5-22。

图 4.5-21 阳角圆角设计、缝隙平直接缝均匀一致

图 4.5-22 穿孔铝板墙顶对缝

3. 木饰面板工程施工

1）适用范围

适用于公建大堂、走廊、电梯间墙面木饰面板施工。

2）质量要求

（1）基层的外形尺寸已经复核，其误差保证在本工艺能调节的范围之内，作业面上已弹好水平线、轴线、造型线、标高等控制线。

（2）木板的品种、规格、颜色和性能应符合设计要求。木龙骨、木饰面板的燃烧性能等级应符合设计要求。

（3）木板安装工程的龙骨、连接件的材质、数量、规格、位置、连接方法和防腐处理应符合设计要求。

（4）木板表面应平整、洁净、色泽一致，应无缺损。

（5）木板接缝应平直，宽度一致。

（6）开关插座等强电底盒应做防火、阻燃处理。

3）工艺流程

弹线→制作木骨架→固定木骨架→基层木夹板安装→安装木饰面板→收口线条处理

4）精品要点

（1）应根据实际测量尺寸，按照对称、居中、对缝原则进行排板，板规格均匀一致。

（2）饰面砖应色泽一致、无色差，砖缝宽窄一致、交圈，接缝平整。

（3）木板上的孔洞应套割吻合，边缘应整齐、方正。

（4）开关、插座、面板等应居于板块中间或沿一边齐缝。

5）实例或示意图

实例或示意图见图 4.5-23、图 4.5-24。

4.5.5 涂饰墙面施工

1. 适用范围

适用于公建大堂、走廊、电梯间墙面涂饰工程施工。

2. 质量要求

（1）新建筑物的混凝土或抹灰基层在用腻子找平或直接涂饰涂料前应涂刷抗碱封闭底漆。

图 4.5-23　墙面排板图

图 4.5-24　木饰面板

（2）涂料基层必须符合坚固、平整、干燥、中性、清洁。

（3）涂料涂饰工程所用涂料的品种、型号和性能应符合设计要求及国家现行标准的有关规定。

（4）涂料涂饰工程的颜色、光泽、图案应符合设计要求。

（5）涂料涂饰工程应涂饰均匀、粘结牢固，不得漏涂、透底、开裂、起皮和掉粉。

3. 工艺流程

基层处理→刷底漆→满刮两遍腻→喷（刷）第一道涂层→喷（刷）第二道涂层→喷（刷）面涂→清扫

4. 精品要点

（1）涂饰工程施工时应对与涂层衔接的其他装修材料（踢脚线、门、窗）、邻近的设备（开关面板、灯具、消火栓箱）等采取有效地保护措施，以避免由涂料造成的沾污。

（2）阴阳角方正、线条顺直清晰、棱角分明、分色清晰。

（3）涂饰均匀、色泽一致、粘结牢固，表面光滑、无裂纹。

5. 实例或示意图

实例或示意图见图 4.5-25、图 4.5-26。

图 4.5-25　涂料墙面阴阳角

图 4.5-26　涂料顶棚阴阳角

4.5.6 裱糊墙面施工

1. 适用范围

适用于公建大堂、走廊、电梯间墙面壁纸、壁布裱糊工程施工。

2. 质量要求

（1）新建筑物的混凝土抹灰基层墙面在刮腻子前应涂刷抗碱封闭底漆。

（2）粉化的旧墙面应先除去粉化层，并在刮涂腻子前涂刷一层界面处理剂。

（3）基层腻子应平整、坚实、牢固，无粉化、起皮、空鼓、酥松、裂缝和泛碱；腻子的粘结强度不得小于0.3MPa。

（4）饰面材料及封闭底漆、胶粘剂、涂料的有害物质限量应符合设计、规范要求。

（5）壁纸、墙布的种类、规格、图案、颜色和燃烧性能等级应符合设计要求及国家现行标准的有关规定。

（6）被糊后的壁纸、墙布表面应平整，不得有波纹起伏、气泡、裂缝、皱折；表面色泽应一致，不得有斑污，斜视时应无胶痕。

3. 工艺流程

基层处理→吊直、套方、找规矩、弹线→计算用纸、裁纸→刷胶→裱糊→修整

4. 精品要点

（1）基层表面平整度、立面垂直度及阴阳角方正。

（2）被糊前应用封闭底胶涂刷基层。

（3）棱糊后各幅拼接应横平竖直，拼接处花纹、图案应吻合，应不离缝、不搭接、不显拼缝。走廊宜选用竖条纹类的壁纸或墙布。

（4）开关面板、设备四周收口细腻、平滑。

（5）壁纸、墙布与装饰线、踢脚板、门窗框的交接处应吻合、严密、顺直。壁纸、墙布边缘应平直整齐，不得有纸毛、飞刺。

（6）壁纸、墙布阴角处应顺光搭接，阳角处应无接缝。

5. 实例或示意图

实例或示意图见图4.5-27～图4.5-29。

图4.5-27 壁纸与顶棚界面收口

图4.5-28 走廊壁纸墙面

图 4.5-29　壁纸阳角顺直

4.5.7　软包墙面施工

1. 适用范围

适用于公建大堂、走廊、电梯间墙面软包工程施工。

2. 质量要求

（1）软包工程的安装位置及构造做法应符合设计要求。

（2）软包边框所选木材的材质、花纹、颜色和燃烧性能等级应符合设计要求及国家现行标准的有关规定。

（3）软包工程的龙骨、边框应安装牢固。

（4）软包衬板与基层应连接牢固，无翘曲、变形，拼缝应平直，相邻板面接缝应符合设计要求，横向无错位拼接的分格应保持通缝。

（5）软包工程的表面应平整、洁净、无污染、无凹凸不平及皱折；图案应清晰、无色差，整体应协调美观。

（6）软包墙面与装饰线、踢脚板、门窗框的交接处应吻合、严密、顶直。

3. 工艺流程

基层处理→基层弹线→安装木龙骨→安装衬板→软包制作安装→修整软包墙面

4. 精品要点

（1）应根据实际测量尺寸，按照对称、居中、对缝原则进行排板，软包规格应均匀一致。

（2）单块软包面料不应有接缝，四周应绷压严密。需要拼花的，拼接处花纹、图案应吻合。软包饰面上电气槽、盒的开口位置、尺寸应正确，套割应吻合，槽、盒四周应镶硬边。

（3）软包内衬应饱满，边缘应平齐。

（4）开关插座等强电电线与硬包接触部位应做防火、阻燃处理。

（5）水、暖、电等线、管、盒应居于软包内部、成行成线。

5. 实例或示意图

实例或示意图见图 4.5-30～图 4.5-32。

图 4.5-30　走廊软包墙面缝隙均匀

图 4.5-31　软包墙面节点

图 4.5-32　走廊软包墙面效果

4.5.8　整体面层吊顶施工

1. 适用范围

适用于各类大厅、走廊、电梯间装修工程的纸面石膏板吊顶施工。

2. 质量要求

（1）表面洁净、色泽一致，无污染、破损、裂缝。

（2）平面吊顶表面平整，允许偏差为 2mm，曲面吊顶表面顺畅、无死弯；留缝宽窄一致、顺直，接缝接口严密、无错台；缝格、凹槽平直度为 2mm，接缝高低差为 0.5mm。

3. 工艺流程

弹线→安装吊杆→安装主龙骨→安装次龙骨和横撑龙骨→安装纸面石膏板→接缝处理

4. 精品要点

（1）灯具、烟感、喷淋、风口等应居中对称，成行成线，分布均匀。

（2）与墙面连接处宜留 15～20mm 凹槽或装饰带等收口装饰形式。

（3）宜优先使用双层纸面石膏板吊顶面层。

（4）双层石膏板吊顶与墙体四周及长度方向不超过 6m 设置 10mm 的防开裂凹槽。

（5）收口条、变形缝应居中、对称、成行成线、分布均匀。

5. 实例或示意图

实例或示意图见图 4.5-33、图 4.5-34。

图 4.5-33　大厅整体吊顶效果

图 4.5-34　整体面层吊顶

4.5.9　板块面层吊顶施工

1. 适用范围

适用于各类大厅、走廊、电梯间装修工程的板块面层吊顶工程施工。

2. 质量要求

（1）表面平整度不大于 2mm，接缝高低不大于 1mm、直线度不大于 2mm。

（2）与墙面交接处理、居中对称、均匀分布。

3. 工艺流程

实际尺寸测量→计算机排板→弹线定位→吊杆及龙骨安装→灯具、风口、喷淋等安装→面板安装

4. 精品要点

（1）考虑镶边形式及尺寸。

（2）无小于 1/3 板块及 200mm 的非整块板，无法避免时应采用镶边、凹槽等方式调整消除。

（3）通长走廊板块应在宽度方向排成奇数，灯具、风口、喷淋、烟感等应对称、居中、成行成线布设。

（4）宜与地面材料规格、排板上下呼应。

根据排板图及面板规格，弹出吊顶面板标高线及面板、灯具、烟感、喷淋等位置线。在变形缝两侧主龙骨应断开。弹线时控制线纵横间距不大于 4 块。第一块、最后一块及有灯具、烟感、喷淋位置的面板控制线应全部弹出。

拉通线控制灯具、烟感、喷淋等末端设施安装，确保成行成线、居中及与吊顶面板接触严密。吊顶与墙面间宜采用"W"或其他凹槽形式，面板应从中间向四周分散安装，安装时应注意面板背面箭头方向一致，拼花吻合，无色差。拉通线调整龙骨及金属面板接缝的顺直度，确保接缝平齐、严密。

5. 实例或示意图

实例或示意图见图 4.5-35、图 4.5-36。

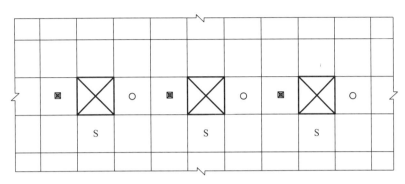

图 4.5-35　块料吊顶排布示意图

图 4.5-36　吊顶排布实例

4.5.10　格栅吊顶施工

1. 适用范围

适用于各类大厅、走廊、电梯间装修工程的格栅吊顶施工。

2. 质量要求

（1）吊点位置正确，吊杆、龙骨和格栅安装应牢固。

（2）吊顶内楼板、管线设备等表面处理应符合设计要求，末端设施安装位置应合理、美观，与格栅的套割交接处应吻合、严密。

（3）格栅直线度、平整度应符合规范要求，与墙面交接清晰。

3. 工艺流程

基础处理→弹线定位→灯具、烟感、喷淋安装→格栅拼接及安装→格栅调整

4. 精品要点

（1）格栅吊顶安装前应确保基层处理到位，管线等位置准确，成排成行达到明装质量要求。灯具、烟感、喷淋等宜与格栅面平齐。必要时可采用深色（灰、黑）涂料对吊顶以上墙、顶及管线进行喷涂处理。

（2）弹出吊顶平面中心控制线及四周标高控制线，格栅与四周墙面接触处留置宽度一

致，大面积吊顶中间应起拱；同时弹出灯具、喷淋、烟感等位置控制线，确保其位于格栅孔中心。

（3）按照格栅规格，在地面进行分块预拼后安装。整块安装时，吊点均衡且不少于 4 点。吊点间距不大于 1.2m，吊点距每块边缘不大于 100mm，与墙面接连处用收口压条收口。

（4）拉通线调整格栅平整度、顺直度、灯具等位置，确保格栅平整顺直、拼接严密。

5. 实例或示意图

实例或示意图见图 4.5-37、图 4.5-38。

图 4.5-37　异形格栅吊顶效果

图 4.5-38　弧形格栅吊顶

4.5.11　消防箱安装

1. 适用范围

适用于设室内消火栓系统的公建大堂、走廊、电梯间的消火栓安装工程施工。

2. 质量要求

（1）消火栓箱消防器材应是经国家专业检测机构检测合格的产品。

（2）安装消火栓水龙带，水龙带与水枪和快速接头应按要求绑扎，应根据箱内构造将水龙带挂在箱内的挂钉、托盘或支架上。

（3）箱式消火栓的安装应符合下列规定：

① 栓口应朝外，并不应安装在门轴侧。

② 栓口中心距地面为 1.1m，允许偏差 20mm。

③ 阀门中心距箱侧面为 140mm，距箱后内表面为 100mm，允许偏差 5mm。

④ 消火栓箱体安装的垂直度允许偏差为 3mm。

（4）消火栓箱体安装在轻质隔墙上时，应有加固措施。

（5）消火栓箱门开启角度不小于 120°，并无卡阻现象。

3. 工艺流程

施工准备→干管安装→立管安装→分层干支管安装→消火栓箱及支管安装→水压试验→管道冲洗→消火栓配件安装

4. 精品要点

（1）安装前应检查消火栓箱是否合格，安装时应及时将消火栓箱找平、找正。

（2）在镀锌层破坏处加刷防锈漆以防止锈蚀。

（3）管道须按规范要求安装支架、托架、吊卡，防止管道发生位移，影响质量。

（4）在系统冲洗合格后安装消火栓阀门，以免消火栓阀门关闭不严。

（5）为保证精装修建筑墙面的整体装饰效果，消火栓门宜与墙面的装饰相协调，消火栓箱门的材料宜与墙面装饰材料相一致或色泽、纹饰相一致，且尽量不破坏墙面的整体效果。室内消火栓因美观要求采用装饰性箱门时，箱门应易于开启并设置明显的永久性标识。

5. 实例或示意图

实例或示意图见图 4.5-39、图 4.5-40。

图 4.5-39　暗装消火栓安装实例图　　　图 4.5-40　隐藏消火栓安装实例图

4.5.12　配电箱安装

1. 适用范围

用于电压为 10kV 以下及一般民用建筑等电气安装工程成套配电箱的安装。

2. 质量要求

（1）设备及材料均符合国家颁发的现行标准，符合设计要求，并有出厂合格证。

（2）配电箱内主要元器件应为 3C 认证产品，规格、型号符合设计要求。

（3）配电箱的安装应横平竖直，高度一致，固定牢靠。

（4）导线分色一致，成排导线应平行、顺直、整齐。分回路绑扎固定牢固，绑扎带间距均匀一致。

（5）箱内设 N 排、PE 排，N 线、PE 线经汇流排配出，标识清晰，导线入排顺直、美观。每个设备和器具的端子接线不应多于两根线，不同截面的两根导线不得插接于一个端子内。

（6）配电箱开关、回路等标识清晰、规整，系统图清晰，粘贴牢固。

3. 工艺流程

弹线定位→明装配电箱→铁架固定→盘面组装→箱内配线→箱体固定→绝缘遥测

弹线定位→暗装配电箱→盘面组装→箱内配线→箱体固定→绝缘遥测

4. 精品要点

（1）配电箱安装高度以底边起至地面 1.5m，设计有规定的按设计要求施工。

（2）安装位置正确，箱面平整，喷漆完好，垂直、水平符合要求。

（3）箱内配线整齐，绑扎牢固，接线正确，标识正确。

（4）三相五线制供电回路中，配电箱内应设 N、PE 汇流排，零线和保护地线必须在汇流排上引出。

（5）配电箱（盘）内的开关动作应灵活可靠，剩余电流动作保护器（RCD）应在施加额定剩余动作电流（$I\triangle n$）的情况下动作，时间应符合设计要求。

（6）带有电气设备的金属箱壳、箱门应可靠接地，箱表面应清洁无污染，箱内无建筑垃圾。

（7）所有螺钉应是镀锌制品，平垫片、弹簧垫片应齐全并拧紧。

5. 实例或示意图

实例图见图 4.5-41。

 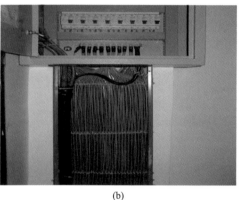

(a)　　　　　　　　　　　　(b)

图 4.5-41　配电箱安装实例图

4.5.13　开关、插座安装

1. 适用范围

适用于设室内照明系统开关安装的公建大堂、走廊、电梯间。

2. 质量要求

（1）开关、插座材料必须具有 3C 安全认证标识。

（2）开关、插座安装位置应便于操作，符合设计要求。

（3）开关、插座安装前，应先将接线盒内残留的水泥块、杂物剔除干净，再用抹布将盒内灰尘擦干净。

（4）在同一室内的开关，需采用同一系列产品，开关的通断位置应一致。

（5）相线必须进开关控制。

128

（6）面对单项三孔插座的左侧接零线，右侧接相线，上孔接地线。

（7）单相插座安装完成后，需用插座检测仪对插座的接线及漏电开关动作进行全数检测。

（8）开关、插座最终完成后，面板应紧贴装饰面，安装牢固。

3. 工艺流程

线盒清理→接线→开关、插座安装

4. 精品要点

（1）开关的安装位置，距门边 150～200mm，距地高度为 1.3m，并且开关不得安装于单扇门背后，管线预理前应对相应位置进行布局策划。

（2）并列安装的开关高度需一致，并列开关之间高度误差不大于 1mm，同一室内安装的开关高度误差不大于 5mm。

（3）同一室内的插座安装高度误差不得大于 5mm，并列安装的插座高度误差不得大于 1mm。

5. 实例或示意图

实例图见图 4.5-42。

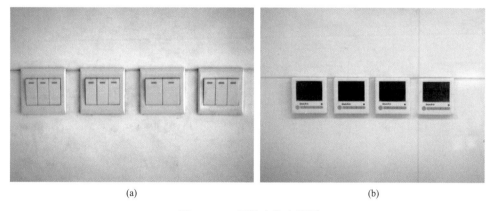

(a)   (b)

图 4.5-42　开关安装实例图

4.5.14　疏散指示安装

1. 适用范围

疏散指示是一种用于人员密集场所的消防疏散指示系统，在火灾等紧急情况下，为人员的安全疏散和灭火救援行动提供必要的照度条件及正确的疏散指示信息的消防系统。

2. 质量要求

（1）根据设计要求合理选用产品，消防应急照明及疏散指示系统分为集中控制型系统和非集中控制型系统两种类型，设置消防控制室的场所应选择集中控制型系统，设置火灾自动报警系统，但未设置消防控制室的场所宜选择集中控制型系统，其他场所可选择非集中控制型系统。

（2）标志灯设置：标志面与疏散方向垂直时，灯具的设置间距不应大于 20m；标志面与疏散方向平行时，灯具的设置间距不应大于 10m；疏散标志灯安装在安全出口的顶部，楼梯、疏散走道及其转交处应安装在 1m 以下的墙面上。

（3）疏散灯具材料必须具有 3C 安全认证标识，灯具使用的导线其型号和电压等级应符合使用场所的特殊要求，规格型号应符合规范要求。

（4）疏散照明配线采用耐火电线，其绝缘程度不低于 750V。

（5）灯具为吊挂安装时，安装前应在顶棚处固定两根吊链或吊杆，长度根据现场高度确定，确保离地高度 2.5m；灯具为壁挂安装时，安装前应在墙壁上用钻头打两个直径 4mm 的孔，放入膨胀胶塞，并上好两颗螺栓，安装时先把线按要求接好，然后把灯具挂在两颗螺钉上，灯具调平；埋地灯，安装前先把线按要求接好，然后把灯具放入预埋孔，调整好方向，然后用玻璃胶紧固。

（6）所有线路保证无接地、无短路，线路畅通，施工完毕进行通电试运行。

3. 工艺流程

灯具检查→灯具安装及接线→通电试运行

4. 精品要点

（1）疏散标志灯具采用吊装式安装时，应采用金属吊杆或吊链，吊杆或吊链上端应固定在建筑构件上。当采用吊杆时为美观需要，宜将导线置于吊杆内。

（2）在侧面墙或柱上安装时，可采用壁挂式或嵌入式安装；当采用壁挂式时，应采用背后出线的方式。

（3）安装高度距地面不大于 1m 时，灯具表面凸出墙面或柱面的部分不应有尖锐角、毛刺等突出物，凸出墙面或柱面最大水平距离不应超过 20mm。

（4）圆柱表面用一定厚度的防火板使圆弧面成为一平面，防火板尺寸应与疏散灯尺寸一致，防火板应打磨刷漆处理。凸出部分应无尖角，宜圆滑过渡。

（5）当安全出口或疏散门在疏散走道侧边时，应在疏散走道上方增设指向安全出口或疏散门的方向标志灯。

（6）应根据疏散出口位置选择疏散标志灯的形式（双面单向或双面双向）；方向标志灯箭头的指示方向应按照疏散指示方案指向疏散方向，并导向安全出口，应安装在疏散门或安全出口正对的疏散走道的上方，宜与走道顶部其他末端设备同线安装。

5. 实例或示意图

实例图见图 4.5-43。

4.5.15 地采暖分集水器安装

1. 适用范围

适用于设地板辐射采暖系统的公建大堂、走廊、电梯间地采暖分集水器的安装工程施工。

2. 质量要求

（1）隐蔽前对盘管进行水压试验，检验其严密性，以确保地板辐射采暖系统的正常运行。

（2）加热盘管弯曲部分不得出现硬折弯现象，曲率半径应符合下列规定：

① 塑料管：不应小于管道外径的 8 倍。

② 复合管：不应小于管道外径的 5 倍。

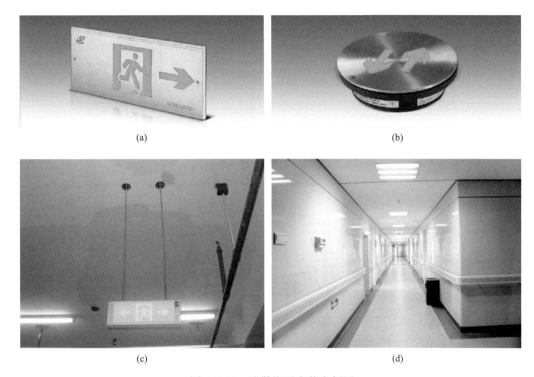

图 4.5-43　疏散指示安装实例图

（3）分水器进水连接管道应顺水流方向安装阀门、过滤器和泄水管，集水器的回水管应安装阀门，分集水器进出水管间应设置旁通管，旁通管上设置阀门。

（4）加热管出地面至分、集水器连接处，弯管部分不宜露出地面装饰层。加热管出地面至分、集水器下部阀门接口之间的明装管段，外部应加套塑料套管。套管应高出装饰面150～200mm。

（5）其分支环路不应超过 8 路，每环路长度不超过 120m。

3. 工艺流程

施工准备→供水管安装→锁闭阀安装→过滤器安装→球阀（供水）安装→分水器安装→地热管安装→集水器安装→球阀（回水）安装→回水管安装

4. 精品要点

（1）分、集水器应在开始铺设加热管之前进行安装。水平安装时，一般宜将分水器安装在上，集水器安装在下，中心距宜为 200mm，集水器中心距地面应不小于 300mm。

（2）分、集水器应上下对齐，供水管、回水管安装应平直。

（3）分、集水器前与加热管连接处需选用钢塑转换接头连接，不得采用卡接。

5. 实例或示意图

实例或示意图见图 4.5-44。

4.5.16　喷淋安装

1. 适用范围

适用于设自动喷水灭火系统的公建大堂、走廊、电梯间。

图 4.5-44　地暖分水器安装示意图

2. 质量要求

（1）安装在易受机械损伤处的喷头，应加设喷头防护罩。

（2）喷头安装时，溅水盘与吊顶、门、窗、洞口或障碍物的距离应符合设计要求。

（3）安装前检查喷头的型号、规格、使用场所，应符合设计要求。

（4）喷淋管道不同管径连接不宜采用补心，应采用异径管箍，弯头上不得用补心，应采用异径弯头，三通上最多用一个补心，四通上最多用两个补心。

（5）封吊顶前进行系统试压，为了不影响吊顶装修进度可分层分段试压，试压完后冲洗管道，合格后可封闭吊顶。

（6）喷头的规格、类型、动作温度应符合设计要求。喷头安装的保护面积、喷头间距及距墙、柱的距离应符合规范要求。

（7）隐蔽式喷头安装时应控制短管的长度，保持外罩座与吊顶齐平，确保外罩与吊顶贴合紧密。

3. 工艺流程

安装准备→干管安装→报警阀安装→立管安装→喷淋分层干支管安装→管道试压→管道冲洗→喷头支管安装→喷头安装→球系统通水调试

4. 精品要点

（1）喷头的两翼方向应成排统一安装。

（2）喷头应在吊顶板材中间，距灯具的距离不应小于 400mm。

（3）喷头、灯具、风口设置合理成排、美观、居中、对称。

5. 实例或示意图

实例或示意图见图 4.5-45、图 4.5-46。

4.5.17　风口安装

1. 适用范围

适用于设通风空调系统的公建大堂、走廊、电梯间。

2. 质量要求

（1）风口的安装位置应符合设计要求，风口或结构风口与风管的连接应严密牢固，不应存在可察觉的漏风点或部位，风口与装饰面贴合应紧密。

图 4.5-45 喷淋居中安装实例图

图 4.5-46 喷淋居中成线排列

（2）排风口、吸风罩（柜）的安装应排列整齐、固定牢固，安装位置和标高允许偏差应为 10mm，水平度的允许偏差应为 3‰，且不得大于 20mm。

（3）风口的安装应符合下列规定：

① 风口表面应平整、不变形，调节应灵活。同一厅室、房间内的相同风口的安装高度应一致，排列应整齐。

② 明装无吊顶的风口，安装位置和标高允许偏差应为 10mm。

③ 风口水平安装，水平度的允许偏差应为 3‰。

④ 风口垂直安装，垂直度的允许偏差应为 2‰。

3. 工艺流程

安装准备→洞口处理→风口拆包、检查→按图纸编号运至安装点→风口与风管连接→风口嵌固在预留孔上→风口清理

4. 精品要点

（1）风口外表装饰面应平整光滑。风口外表装饰面拼接缝隙应小于或等于 0.2mm，采用铝型材制作的应小于或等于 0.15mm。

（2）风口外表面不得有明显的划伤、压痕与花斑，颜色应一致，焊点应光滑。

（3）百叶风口的叶片间距应均匀。其叶片间距允许偏差为 1.0mm。两端轴应同心。叶片中心线直线度允许偏差为 3‰，叶片平行度允许偏差为 4‰。

（4）风口的转动、调节部分应灵活，定位后应无松动现象。手动式风口叶片与边框铆接应松紧适当。

（5）散流器的扩散环和调节环应同轴，径向间距分布应匀称。

（6）喷头、灯具、风口设置合理、成排成线、美观、居中、对称。

（7）风口与风管连接严密、牢固，紧贴装饰面；风口表面平整、不变形，调节灵活。条形风口的安装，接缝处应连接自然，无明显缝隙。同一室内送（回）风口的安装位置和高度一致，排列整齐。

（8）风口安装时，所有风口横平竖直，处于一条直线，且确保风口与吊顶板结合紧密。风口的转动、调节部分应灵活、可靠，定位后无松动现象。风口与风管连接应严密、牢固。风口水平度 3‰，垂直度 2‰。风口应转动灵活，不得有明显划痕与板面接触严密。

（9）装饰性风口的材质、大小、形状宜与建筑装修装饰造型相协调。

5. 实例或示意图

实例或示意图见图 4.5-47～图 4.5-49。

图 4.5-47　风口居中布置

图 4.5-48　风口与吊顶板结合紧密

图 4.5-49　装饰性出风口

4.5.18　灯具安装

1. 适用范围

适用于设计照明系统的公建大堂、走廊、电梯间。

2. 质量要求

（1）核对灯具的型号等参数是否符合要求，应有产品合格证，普通灯具有认证标识，消防应急灯具应获得消防产品型式试验合格评定，且具有认证标识。

（2）灯具固定：灯具固定应牢固可靠，在砌体和混凝土结构上严禁使用木模、尼龙塞或塑料塞固定；质量大于 10kg 的灯具，固定装置及悬吊装置应按灯具重量的 5 倍恒定均布载荷做强度试验，且持续时间不得少于 15min；悬吊式灯具安装，质量大于 3kg 的悬吊灯具，应固定在螺栓或预埋吊钩上，螺栓或预埋吊钩的直径不应小于灯具挂销直径，且不应小于 6mm；当采用铝管做灯具吊杆时，其内径不应小于 5mm，壁厚不应小于 1.5mm。

（3）灯具的接线要求：引向单个灯具的绝缘导线截面应与灯具功率相匹配，绝缘铜导线的线芯截面不应小于 $1mm^2$。

（4）灯具接地要求：Ⅰ类灯具的防触电保护不仅依靠基本绝缘，还必须把外露可导电部分用铜芯软导线可靠连接到保护导体上。

（5）照明系统的测试和通电试运行：导线绝缘电阻测试应在导线接线前完成，公共建筑照明系统通电连续试运行时间为24h，所有照明灯具均应开启，且每2h记录1次运行状态，连续试运行时间内无故障。

3. 工艺流程

灯具检查→灯具组装→灯具安装→通电试运行

4. 精品要点

吊顶施工由于消防、空调与通风工程的施工图与装饰图的分开，创精品工程必须进行二次深化设计。吊顶中各类终端设备口排列应做到整体规划，讲究居中对称，间距均匀，成行成线的观感效果，与罩面板交接严密。当吊顶采用块材材料时（模数匹配），施工时应做到墙、地、顶面对缝。

5. 实例或示意图

实例图见图 4.5-50。

(a)　　　　　　　　　　　　　　　　(b)

图 4.5-50　灯具安装实例图

4.5.19　烟感安装

1. 适用范围

适用于设电气火灾自动报警系统的公建大堂、走廊、电梯间。

2. 质量要求

（1）火灾探测器至墙壁、梁边的水平距离不应小于 0.5m，探测器周围 0.5m 内不应有遮挡物，探测器至空调送风口边的水平距离不应小于 1.5m，至多孔送风口的水平距离不应小于 0.5m。

（2）在宽度小于 3m 的内走道顶棚上设置探测器时，宜居中布置。感温探测器的安装间距不应超过 10m，感烟探测器的安装间距不应超过 15m。

（3）探测器宜水平安装，当必须倾斜安装时，倾斜角度不应大于 45°。探测器的确认灯，应面向便于人员观察的主要入口方向。

3. 工艺流程

钢管和金属线槽安装→钢管内导线敷设线槽配线→火灾自动报警设备安装→调试→检测验收交付使用

4. 精品要点

（1）探测器在即将调试时方可安装，在调试前应妥善保管并应采取防尘、防潮、防腐蚀措施。

（2）各类吊顶灯具、扬声器、烟感、喷淋等综合排布合理，居中、对称、成行、成线、整齐美观，间距一致，与装饰融为一体。

（3）烟感在吊顶安装时，要合理成排、美观、居中、对称。

5. 实例或示意图

实例图见图 4.5-51。

(a)　　　　　　　　　　　　　　　　　(b)

图 4.5-51　烟感安装实例图

4.5.20　防火卷帘安装

1. 适用范围

适用于公建大堂、走廊、电梯间的防火卷帘安装。

2. 质量要求

（1）外观要求：帘板、导轨、门楣、卷轴等部位的表面不允许有裂纹、压坑及较明显的凹凸、锤痕、毛刺、孔洞等缺陷。

（2）帘板两端挡板或防窜机构装配要牢固，装配成卷帘后，帘板窜动量不得大于 2mm。

（3）导轨现场安装应牢固，安装后垂直度每米不得大于 5mm，全长垂直度不得大于 20mm，卷帘在导轨内运行应平稳、顺畅，不允许有碰撞、冲击现象。

（4）具有防烟性能的门楣，必须设置防烟装置，有效阻止烟气外溢，防烟装置所有的材料均应为防燃材料，门楣现场安装应牢固。

（5）座板与地面的接触应均匀、平行。

（6）传动装置：卷帘门的安装必须留有检修的空间，安装应牢固。

（7）电气安装：电气按钮启动操纵灵活，集中控制和联动控制的动作灵活准确，防火卷帘门里门外均设控制按钮。

3. 工艺流程

洞口测量→支撑板安装→卷门机安装→卷轴安装→帘板安装→导轨安装→临电调试→电器安装→接通正式电源→综合调试→清理→验收

4. 精品要点

（1）对于有水电气等桥架管线穿越卷帘门洞时，需将桥架、管线在穿越洞顶安装后用防火卷帘材料进行封堵，有效阻挡火势的蔓延。

（2）防火卷帘在安装时，导轨内应留有因膨胀变形的足够间隙，以保证火灾时导轨受火作用时在垂直方向发生的位移，防火卷帘能正常下落。

（3）防火卷帘应具有自动控制、手动控制、机械应急控制的功能，并应具有在防火卷帘两侧开启和关闭的功能，同时应设置在火灾时能靠自身重量自动关闭的功能。

（4）防火卷帘与墙柱之间的缝隙应用防火封堵材料进行封堵，确保其不窜烟，不窜火，能阻止火灾的扩大和蔓延。

5. 实例或示意图

实例图见图 4.5-52。

图 4.5-52 防火卷帘安装实例图

第5章
开水间

5.1 一般质量要求

墙地砖铺贴对缝，开水器尽量对称布置，开水器台面设置洗涤池，开水间内设置垃圾桶。

开水间整体效果见图5.1-1。

(a)   (b)

图5.1-1 开水间整体效果

5.2 精品要点

5.2.1 墙地砖铺贴

（1）应根据实际测量尺寸，按照对称、居中、对缝原则进行排板，无小于1/2窄条砖，非整砖应排在阴角处或不明显处。

（2）饰面砖应色泽一致、无色差，砖缝宽窄一致、交圈，接缝平整。

开水间内部效果图见图5.2-1。

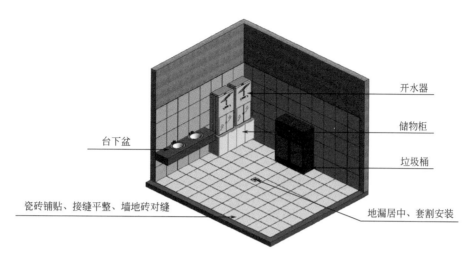

图 5.2-1 开水间内部效果图

5.2.2 吊顶

（1）铝扣板吊顶表面平整、洁净美观、色泽一致，无翘曲、凹坑、划痕。接口位置排列有序，板缝顺直、宽窄一致，套割尺寸准确、边缘整齐。

（2）铝扣板、块套割尺寸准确，边缘整齐、不漏缝，条、块排列顺直方正。

（3）饰面板上的灯具等设备位置合理、整齐美观，与饰面交接吻合、严密。

（4）铝扣板吊顶效果图见图 5.2-2。

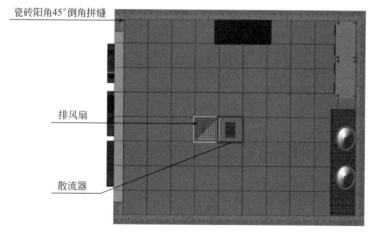

图 5.2-2 铝扣板吊顶效果图

5.2.3 洗涤池

（1）安装时，台面留出的位置应该和水槽的体积相吻合。放入台面后，需要在槽体和台面间安装配套的挂片。

（2）在安装波纹管、编织管时，一定要注意拧紧力的大小，过大容易损坏螺纹，过小有可能因为密封不好而漏水。

（3）台下盆使用任何材料都应采用物理固定的方式，而非化学固定方式。当开水间墙面为轻质隔墙时，台盆固定方式应采用对拉螺栓加预埋钢板。

（4）洗涤池实景图见图 5.2-3。

图 5.2-3　洗涤池实景图

第6章

楼梯间

6.1 一般质量要求

（1）楼梯间扶手高度大于等于900mm，立杆间距≤110mm；扶梯水平段大于500mm时，临空面应设100mm挡坎，扶手高度≥1050mm。

（2）无障碍双层扶手的上层扶手高度应为850～900mm，下层扶手高度应为650～700mm。

（3）梯段砖应居中对缝，与平台地砖通缝。

（4）楼梯间剖切效果图见图6.1-1。

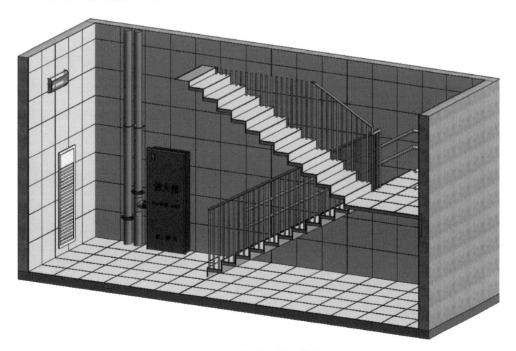

图6.1-1　楼梯间剖切效果图

6.2 精品要点

6.2.1 楼梯间照明灯具安装

（1）疏散照明应沿着走道设置，一般情况下以设计位置为准，当设计未明确位置时可安装在安全出口的顶部、疏散走道或转角处距地 1m 以下的墙面上。

（2）疏散走道上的标志灯应有指示疏散方向的箭头标识，标志灯的间距不宜大于 20m。

（3）楼梯间的疏散标志灯应安装在休息平台上的墙角或壁装，并应用箭头或数字标明上、下层层号。

（4）安全出口标志灯应安装在疏散门口的上方，距地不宜小于 2m。

（5）楼梯间剖切示意图见图 6.2-1。

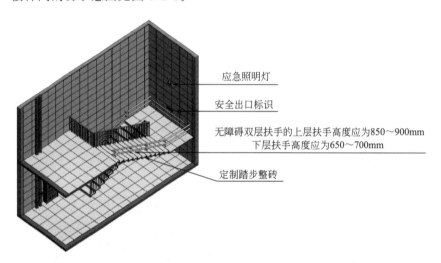

应急照明灯

安全出口标识

无障碍双层扶手的上层扶手高度应为850～900mm
下层扶手高度应为650～700mm

定制踏步整砖

图 6.2-1　楼梯间剖切示意图

6.2.2 楼梯间立管安装

（1）消防系统管道大于 DN100 时采用镀锌钢管，采用沟槽连接，管端与沟槽外部应无划痕，管道内壁沟槽挤压部位应涂刷防锈漆。

（2）金属管道立管管卡安装时应符合下列规定：楼层高度小于或等于 5m，每层必须安装 1 个；楼层高度大于 5m，每层不得少于 2 个；管卡安装高度，距地面应为 1.5～1.8m。

（3）室内消火栓箱的栓口应朝外，不应与门框相碰，阀门中心距地面为 1.1m，距箱侧面为 140mm，距箱后表面为 100mm，消火栓箱孔洞应封堵密实，进入箱内的报警器线管应采用金属线管，箱门开启角度不应小于 120°。

（4）消火栓箱示意图见图 6.2-2。

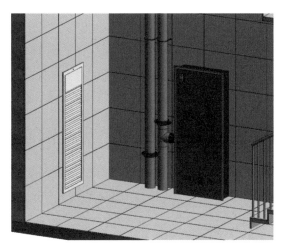

图 6.2-2　楼梯间消火栓箱示意图

6.2.3　楼梯间正压送风口安装

（1）风口与装饰面应贴实，无明显的缝隙。

（2）楼梯间每隔 2～3 层应设一个加压送风口，前室的加压送风口应每层设一个。

（3）风口宜设在靠近地面的墙上，不宜设置在被门挡住的位置。

（4）正压送风口四周边框应平整，百叶之间应严密。

（5）楼梯间正压送风口示意图见图 6.2-3。

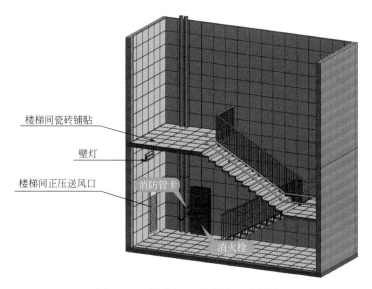

图 6.2-3　楼梯间正压送风口示意图

第7章

管道井

7.1 一般规定

（1）管道井应整体排布合理、规划整齐、协调美观。

（2）管线应按照整齐有序、间距合理、便于施工、满足检修的原则进行排布。

（3）规格大小相同或相近的管道应排在一起，并应将大管布置在管井内侧，小管布置在管井外侧，尽可能在管道井内留出较大空间，方便后期施工操作、维护和扩容。

（4）管道穿楼板套管，管道支架根部应处理精细、分界清晰。

（5）管道接头应设置合理，相邻管道接头应错位设置、整齐美观。

（6）管井保温管道套管规格应比所穿管保温后管道外径大 2cm，使用柔性防火材料填充管道与套管间隙。

（7）管道保温材料纵向接缝位置应设置在管道侧面，接缝平整、做法美观。

（8）当支架采用落地支架时需综合考虑设置集成的综合支架，管道应排列有序、间距均匀、横平竖直。管井内若有防水做法要求时，支架不宜落地安装。

（9）管道标识清晰、张贴位置醒目、高度一致、箭头方向和颜色使用正确。

（10）水表、热量表等计量仪表的远程控制线应敷设于电气保护管内，保护管长度合理，并使用专用接头进行连接，确保其不受外力。

（11）阀门安装高度应便于操作，并排安装阀门应成排成线。阀门手柄或手轮朝向正确并设有可拆卸的连接件，便于后期维修。

（12）水表距管井门不低于 150mm。水表前应有长度不少于水表口径 8 倍的直管段，且水表视窗应朝向便于观察的方向。

（13）管井应设置地漏，地漏位置尽量居中设置，方便后期地面疏水。

（14）采暖管道上安装的过滤器由于需要定期清淘，应在综合排布时布置于管井门附近，便于操作。

（15）管井外采光不利的井道内应增设照明灯具。

（16）管道井管道排布示意图见图 7.1-1。

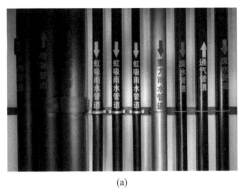 

(a)   (b)

图 7.1-1 管道井管道排布示意图

7.2 规范要求

7.2.1 《建筑地面工程施工质量验收规范》GB 50209—2010

3.0.3 建筑地面工程采用的材料或产品应符合设计要求和国家现行有关标准的规定。无国家现行标准的，应具有省级住房和城乡建设行政主管部门的技术认可文件。材料或产品进场时还应符合下列规定：

1 应有质量合格证明文件；

2 应对型号、规格、外观等进行验收，对重要材料或产品应抽样进行复验。

4.9.3 有防水要求的建筑地面工程，铺设前必须对立管、套管和地漏与楼板节点之间进行密封处理，并应进行隐蔽验收；排水坡度应符合设计要求。

4.10.13 防水隔离层严禁渗漏，排水的坡向应正确、排水通畅。

7.2.2 《民用建筑设计统一标准》GB 50352—2019

6.11.9 门的设置应符合下列规定：

1 门应开启方便、坚固耐用；

2 手动开启的大门扇应有制动装置，推拉门应有防脱轨的措施；

3 双面弹簧门应在可视高度部分装透明安全玻璃；

4 推拉门、旋转门、电动门、卷帘门、吊门、折叠门不应作为疏散门；

5 开向疏散走道及楼梯间的门扇开足后，不应影响走道及楼梯平台的疏散宽度；

6 全玻璃门应选用安全玻璃或采取防护措施，并应设防撞提示标志；

7 门的开启不应跨越变形缝；

8 当设有门斗时，门扇同时开启时两道门的间距不应小于0.8m；当有无障碍要求时，应符合现行国家标准《无障碍设计规范》GB 50763 的规定。

6.16.1 管道井、烟道和通风道应用非燃烧体材料制作，且应分别独立设置，不得共用。

6.16.2 管道井的设置应符合下列规定：

4 管道井宜在每层临公共区域的一侧设检修门，检修门门槛或井内楼地面宜高出本层楼地面，且不应小于 0.1m。

7.2.3 《建筑给水排水设计标准》GB 50015—2019

3.1.3 中水、回用雨水等非生活饮用水管道严禁与生活饮用水管道连接。

4.4.2 排水管道不得穿越下列场所：

1 卧室、客房、病房和宿舍等人员居住的房间；

2 生活饮用水池（箱）上方；

3 遇水会引起燃烧、爆炸的原料、产品和设备的上面；

4 食堂厨房和饮食业厨房的主副食操作、烹调和备餐的上方。

7.2.4 《给水排水管道工程施工及验收规范》GB 50268—2008

1.0.3 给排水管道工程所用的原材料、半成品、成品等产品的品种、规格、性能必须符合国家有关标准的规定和设计要求；接触饮用水的产品必须符合有关卫生要求。严禁使用国家明令淘汰、禁用的产品。

3.1.9 工程所用的管材、管道附件、构（配）件和主要原材料等产品进入施工现场时必须进行进场验收并妥善保管。进场验收时应检查每批产品的订购合同、质量合格证书、性能检验报告、使用说明书、进口产品的商检报告及证件等，并按国家有关标准规定进行复验，验收合格后方可使用。

3.1.15 给排水管道工程施工质量控制应符合下列规定：

1 各分项工程应按照施工技术标准进行质量控制，每分项工程完成后，必须进行检验；

2 相关各分项工程之间，必须进行交接检验，所有隐蔽分项工程必须进行隐蔽验收，未经检验或验收不合格不得进行下道分项工程。

3.2.8 通过返修或加固处理仍不能满足结构安全或使用功能要求的分部（子分部）工程、单位（子单位）工程，严禁验收。

9.1.10 给水管道必须水压试验合格，并网运行前进行冲洗与消毒，经检验水质达到标准后，方可允许并网通水投入运行。

7.2.5 《建筑给水排水及采暖工程施工质量验收规范》GB 50242—2002

3.3.3 地下室或地下构筑物外墙有管道穿过的，应采取防水措施。对有严格防水要求的建筑物，必须采用柔性防水套管。

3.3.16 各种承压管道系统和设备应做水压试验，非承压管道系统和设备应做灌水试验。

7.2.6 《建筑内部装修设计防火规范》GB 50222—2017

4.0.1　建筑内部装修不应擅自减少、改动、拆除、遮挡消防设施、疏散指示标志、安全出口、疏散出口、疏散走道和防火分区、防烟分区等。

4.0.4　地上建筑的水平疏散走道和安全出口的门厅，其顶棚应采用 A 级装修材料，其他部位应采用不低于 B_1 级的装修材料。

7.3　管理规定

（1）创建精品工程应以经济、适用、美观、节能环保及绿色施工为原则，做到策划先行，样板引路，过程控制，一次成优。

（2）质量策划、创优策划工作应全面、细致，从工程质量及使用功能等方面综合考虑，明确细部做法，统一质量标准，加强过程质量管控措施，达到一次成优。

（3）采用 BIM 模型、文字及现场样板交底相结合的方式进行全员交底，明确施工工序、质量要求及标准做法，以确保策划的有效落地。

（4）各专业所采用的材料、设备应有产品合格证书和性能检测报告，其品种、规格、性能等应符合国家现行产品标准和设计要求。

（5）根据总进度计划，编制管井施工进度计划，全面考虑各单位施工内容及相互影响因素，合理安排工序穿插。结构及装饰工序应合理穿插，尽早为安装专业提供完整工作面。

（6）总承包单位应协调各施工单位合理、及时地进行工序穿插施工。

（7）加强对土建和安装施工过程质量的监督检查，确保各环节施工质量受控。做好专业间工作面移交及检查验收工作，重点关注隐蔽内容及成品保护措施。

（8）技术复核工作是保证每个关键节点符合要求的关键过程。各施工阶段应及时对各工序的重点点位进行复核、实测及纠偏，确保符合图纸及深化要求。

（9）管井内各工种穿插施工时，应有效采取护、包、盖、封等成品保护措施，同时加强对其他专业已完成部位的保护工作。

7.4　深化设计

7.4.1　图纸深化设计

管井内管道安装工程施工前，首先应充分结合项目所在地的水务及供热等市政单位，充分了解以上单位对管井的排布要求（例如立管开口间距、表距管井门的距离、表前阀门类别及预留长度等），并在取得建设单位签字确认后，着手开始进行管井管道排布深化设计。深化设计图需经总包、监理、业主及设计单位会签后实施。

1. 深化原则

以管井设计详图为蓝本，在不更改管径、连接方式、目标走向的基础上，综合考虑管道外形尺寸、保温层厚度、支架规格尺寸、相关规范中关于管道间距的规定、施工操作空间、检修维护空间等因素，将管线按照整齐有序、间距合理、便于施工的原则进行深化。

2. 深化顺序

1）进、出管井管道位置的排布

从用水或供暖等负荷使用末端开始进行排布，最大程度减少从使用末端至管井之间管道路由的交叉重叠，从而确定好进、出管井管道的点位及与立管管线的位置关系。

2）管井立管管道系统综合排布

为达到合理利用管井空间、科学有序布置管道的目的，采用 BIM 技术进行深化设计，综合考虑检修空间、管道间距、立管的不同形式综合支架及落地支架的安装空间、观感效果等因素，对立管及出立管管道位置进行优化排布。

3）阀门仪表等连接附件的综合排布

在确定好进、出管井管线及立管管线的位置关系后，充分结合管井地面的建筑做法以及项目所在地市政单位验收要求，采用 BIM 技术对阀门仪表进行精确建模，并考虑操作检修空间、观察位置、观感效果等因素，对阀门部件安装位置进行深化。

4）支架综合设计

（1）立管支架。

首先根据立管管材、数量、介质类型确定支架形式及选用型钢规格，然后根据排布完成的立管位置进行支架图纸绘制，确定出支架钻孔位置。

（2）支管固定支架。

根据管道阀门、仪表等附件的排布图，以成排成列管道共用支架为原则，绘制支管固定支架平面及立面图，并综合考虑建筑做法，在管井防水施工前，将支架生根部位提前插入施工。

7.4.2　综合排布基本要求

（1）应将同种材质的管道布置在一起，同时应将钢管以及不需要经常维护和检修的管道排布在管井的内侧。另外，对支架设置要求较高、较密的管道，应布置在紧靠结构墙侧。

（2）应将规格大小相同或相近的管道排在一起，方便管道支架的统一布置，整齐美观。同时，应将大管布置在管井里侧，小管布置在管井外侧，尽可能留出较大的操作和维护空间。

（3）在条件允许的情况下，穿越楼层较多的立管应布置在管井的里侧，穿越楼层较少的立管应布置在管井的外侧。随着楼层的递增，管井内检修空间也会越来越大。

（4）管井立管经常有各类阀门、补偿器、检查口、温度计、压力表等附件，这些附件应考虑合理的操作、检修、查看空间。

（5）管井内水表高度一般设置为 0.3～1.2m，如果安装后看表困难，高度可适当调整，但最高不宜超过 1.4m。

（6）穿楼板或墙体的管道之间的最小间距除满足套管及管道阀门附件的安装要求外，不应小于 80mm。

（7）远程水表、热量表等应考虑电气预埋配管，线盒位置应尽量靠近需接线的仪表，软管长度控制在 0.3～1.2m。

7.5 关键节点工艺

7.5.1 穿楼板预埋套管制作、安装

1. 适用范围

适用于采用套管直埋式施工方法的水暖管道井。

2. 施工准备

(1) 管井深化设计已完成。

(2) 用于预埋的套管材料已进场检验合格。

(3) 本层楼板模板或楼层板已安装、铺设完成。

3. 质量要求、质量通病及预防措施

1) 质量要求

(1) 结构顶板钢筋绑扎过程中,安装专业根据管道井管线排布深化图,穿插施工预埋穿楼板套管,准确定位,并采取可靠固定措施保证套管与管道的同心度。

(2) 预埋套管不得漏留、漏埋,预留、预埋时不得随意切割结构钢筋。

(3) 成排套管顶部应相平,相互间允许偏差为 2mm。

(4) 综合考虑管道保温应连续严密,因此保温管道预埋套管规格应大于管道保温后外径 20mm 以上。

2) 质量通病及预防措施

(1) 套管长度不足,成排套管顶部标高偏差大。

预防措施:套管下料长度应综合考虑管井内地面结构及装饰做法厚度,高于完成面 50mm。

使用定位钢筋点焊于成排套管顶部,预埋时,利用激光水平仪、水平尺将所有套管顶部调整至标高在同一水平线上后再进行固定。

(2) 套管规格过小。

预防措施:编制套管规格与穿管直径对照表,综合考虑管道保温厚度,每个管井预埋时均按照对照表进行技术复核。

(3) 不同规格成排套管按中心对齐方式预埋。

预防措施:根据管井深化排布,结合安装阶段支架制作方式,按照支架外边沿距固定墙的距离,在模板或楼层板上弹出控制线,所有规格套管按一侧与控制线相平进行定位固定。

4. 工艺流程

套管制作→模板放线→综合套管焊接加固→套管定位放线模板制作→综合套管安装定位及固定→检查验收

5. 精品要点

(1) 套管安装时必须垂直,套管位置、尺寸应准确无误。

(2) 套管切割时应用专用管道切割机,禁止用电焊、气焊切割管道。

(3) 穿楼板套管下端与楼板下表面相平,上部高出地面完成面 50mm;水平向穿墙套

管两头与墙面平齐。

（4）成排套管预埋宜按照一侧相平而非中心对齐方式进行，确保后期管井管道综合支架制作形式美观、管道与支架贴合严密，牢固可靠。

6. 实例或示意图

示意图见图 7.5-1。

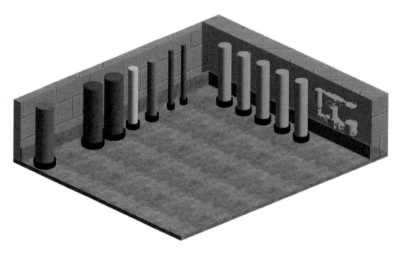

说明：

1. 竖向管道套管高度，防水套管应高于完成面 50mm，其他套管应高于完成面 20mm；

2. 套管与管道之间填充防火封堵材料；

3. 保温管道穿套管处保温应连续；

4. 消防管道等不需要套管的管道，应设置阻火圈。

图 7.5-1　穿楼板预埋套管示意图

7.5.2　管井墙面、顶面施工

1. 适用范围

适用于各种类型工程管道井。

2. 施工准备

（1）管井内所有预留套管施工完成。

（2）基层处理、隐蔽验收验收合格。

（3）施工材料检验合格。

3. 质量要求、质量通病及预防措施

1）质量要求

（1）抹灰表面应光滑、平整、颜色均匀。

（2）抹灰无空鼓开裂，阴阳角方正、顺直。

（3）腻子面层应平整光滑、阴阳角顺直，无掉粉返锈。

2）质量通病及预防措施

（1）抹灰空鼓、开裂。

预防措施：做好抹灰分层控制，所有分层抹灰前均需浇水湿润，并压实、压光，做好养护。

（2）抹灰阴阳角不顺直。

预防措施：在阴阳角两边冲筋抹灰，并用方尺检查角的方正。

4. 工艺流程

基层与细部处理→吊垂直套方→分层抹灰→养护→弹阴角线→石膏找补→第一遍腻子→打磨→第二遍腻子→细部找补

5. 精品要点

（1）管道后墙面装饰层平整、颜色均匀，无毛坯或修补痕迹。

（2）顶部管根处平整，无漏水、修复痕迹。

（3）墙面干净、整洁、无污染，阳角无缺棱掉角、修复痕迹。

（4）管井内顶棚不宜采用吊顶。

6. 实例或示意图

实例图见图 7.5-2。

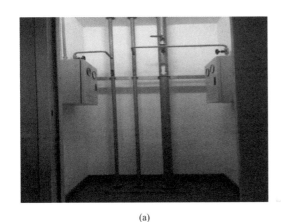 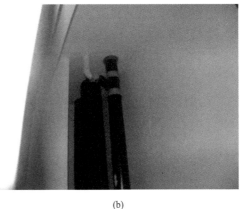

(a)　　　　　　　　　　　　　　　　　(b)

图 7.5-2　管道井实例图

7.5.3　管道支架制作安装

1. 适用范围

适用各类型工程的水暖管道井。

2. 施工准备

（1）管井深化排布已完成，立管排布位置合理，间距均匀。

（2）根据管道种类、数量、规格确定支架型钢选型及制作形式。

（3）根据规范要求及楼层高度确定支架安装数量、高度及间距，根据支架生根的墙体结构形式确定可靠的固定方式。

3. 质量要求、质量通病及预防措施

1）质量要求

（1）支架焊接部位必须满焊，无缺、漏焊现象，焊缝平滑、无气孔、夹渣。

（2）支架预留 U 形卡螺栓孔距离型钢边缘不低于 20mm，开孔平直整齐。

（3）支架尺寸、厚度根据实际情况进行计算确定。

（4）支架生根钢板应按要求制作，大小一致，螺栓孔横平竖直。

（5）支架防腐措施有效。

2）质量通病及预防措施

（1）支架制作不规范，焊接质量差。

预防措施：支架制作时，不宜将型钢截断使用，应使用整根型钢，根据支架下料长度，在支架转角处沿型钢顶面斜切 90°角，然后煨出支架转角，将接缝处满焊，焊口呈鱼鳞状均匀叠加。

（2）型钢朝向不正确，观感不佳。

预防措施：支架在制作安装时，应确保使型钢阳角朝向观察者。

（3）型钢下料后，断口未做防腐，易锈蚀。

预防措施：型钢在截断后，断口应立即采取防锈漆刷涂两道、面漆刷涂两道的防腐措施。

（4）支架开孔不平直，有错开、漏开、间距过大及电焊开孔的情况出现。

预防措施：根据 BIM 模型，结合管道外径及现场安装条件，绘制支架开孔图，制作样板并现场进行对照，无误后再进行批量加工。严禁支架现场二次开孔及电焊开孔。

（5）固定用膨胀螺栓规格与生根钢板开孔不对应，孔大螺栓小；螺母紧固后外露长度过长。

预防措施：型钢开孔前应先根据需固定管道类型及规格等计算出固定膨胀螺栓及 U 形管卡的规格型号，再选择对应的钻头或冲孔器开孔；膨胀螺栓螺母锁紧后，螺杆外露 3～4 扣为宜。

4. 工艺流程

钢板制作→放线定位→钢板安装→支架制作→支架安装

5. 精品要点

（1）确定支架制作所需型钢、钢板、膨胀螺栓的规格及尺寸后，在工厂进行批量预制加工。

（2）支架与管井墙体的固定宜采用矩形钢板明装，支架生根墙体为砌体结构时，需提前浇筑混凝土，预制块在砌筑时安装到位；墙体为轻质条板时，采用双钢板对拉形式进行安装。

（3）根据楼板预埋套管的中心距支架所在墙面的距离结合管道管径确定支架腿部长度，确保管道与套管同心，管道与支架贴合严密。在每个腿部与横担连接的部位利用切割机斜切 90°角，然后缓慢煨出转角，接缝部位满焊牢固。

（4）下料时使用切割机切割，加工成型后，外角要打磨成小圆弧，开孔整齐，使用机械开孔。

（5）支架生根钢板螺栓孔为双孔时，居中排列，四孔时对角布置。距离钢板边缘宜为 10～20mm。螺母安装前顺次安装平垫、弹簧垫。

（6）单根管道使用的角钢支架在角钢端部有倒角措施。

6. 实例或示意图

示意图见图 7.5-3。

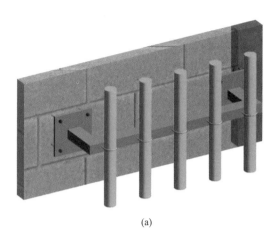

(a)

说明:

1. 支架固定钢板明装, 尺寸一致;

2. 钢板四个角的膨胀螺栓应距离边缘20mm;

3. 支架涂刷浅灰色面漆, 固定螺栓紧固后外露丝扣2~3扣;

4. 腿部与横担连接的部位利用切割机切开90°角, 煨成直角弯满焊, 焊缝应平滑, 无夹渣、焊瘤、咬边和凹坑。

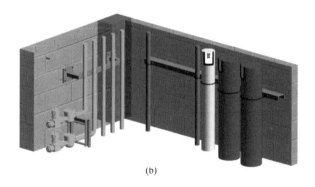

(b)

说明:

楼层高度≤5m, 每层安装1个支架, 高度距地面1.5~1.8m; 楼层高度＞5m, 每层不得少于2个支架, 匀称安装。

图 7.5-3　管道支架制作安装示意图

7.5.4　管道安装

1. 适用范围

适用各类型工程的水暖管道井。

2. 施工准备

(1) 支架开孔规范, 安装牢固。

(2) 预埋套管或预留洞已吊通线进行复核, 上下同心。

(3) 管井墙面、顶面结构及装饰做法须施工完成。

3. 质量要求、质量通病及预防措施

1）质量要求

（1）管道顺直，排列有序、美观。

（2）管井内管道排布间距合理，有足够空间满足后期维护。

（3）不锈钢管道及支架有防腐隔绝措施。

（4）卡具规格选择适配。

（5）管道表面进行油漆涂刷或保温之前必须进行除污、除锈工作，保持管道表面清洁干净、无锈蚀现象，涂刷油漆时管道表面必须干燥。

（6）管井内根据设计地面做法厚度及坡度确定地漏安装高度，以管井内建筑 1m 线为依据，进行安装固定，地漏支管坡度应适宜。

（7）支管进出地面的竖向管段，排列时应考虑其保温厚度，确保管道在保温后有不小于 20mm 的间隙。

2）质量通病及预防措施

（1）U 形卡环使用镀锌丝杆煨制。

预防措施：进场与管道规格相匹配的成品 U 形镀锌管卡，施工过程中严格把控，禁止使用煨制管卡。

（2）管道与套管不同心。

预防措施：在开始安装前，自上而下吊通线复核管道与套管或预留洞的位置关系，对存在位置偏差的预留洞或套管进行调整后，再进行管道安装。

（3）支管排列杂乱，间距过近。

预防措施：严格按照深化排布的支管点位制作样板，验收通过后进行支管安装。支管材质为非金属管道时，采取临时支架限位的方式，将支管均匀排布，固定到位，直至管井地面混凝土浇筑完成。

4. 工艺流程

管道除锈刷漆→立管安装→U 形卡环安装→支管及阀门安装→水压试验→系统冲洗

5. 精品要点

（1）U 形卡环固定后应保持水平不歪斜，卡环末端安装圆头螺母或 PVC 保护帽。

（2）成排管道卡箍、管箍或活接等部件可布置在同一水平线上，也可在间距一致的基础上斜线布置。

（3）螺纹连接管道、外露麻丝须清理干净，其接驳处应均匀涂刷防锈漆，防锈漆色环宽度统一为 20～30mm。涂刷前粘贴美纹纸保证边缘平齐。

（4）立管阀门朝向应便于操作和维修，成排阀门阀柄中心应位于同一水平线上。

（5）U 形卡环安装应选择与管径匹配的卡环，卡环安装固定螺栓孔应保证管道顺直且居卡环中间，卡环螺栓锁紧后，卡环与管道、管道与支架均应接触紧密。

（6）U 形卡环与不锈钢管、铜管连接固定时，管道与支架间接触面应采取衬垫隔离橡胶垫或 UPVC 管等隔绝措施，其宽度应大于支承面宽度。

（7）保温管道宜垫设木托，固定扁钢卡环宽度应与木托同宽，两端与螺杆满焊连接，与支架连接顺直。

（8）支管应设置支架，牢固稳定。

（9）支管成排成列布置时，阀门、水表等附件也应横平竖直、均匀成线。

6. 实例或示意图

示意图见图 7.5-4、图 7.5-5。

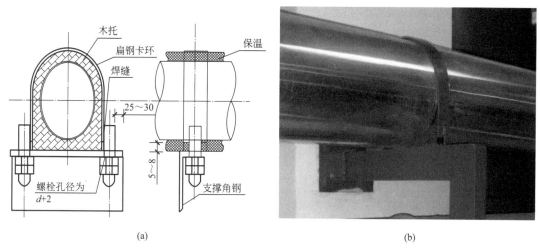

(a)

(b)

图 7.5-4　扁钢 U 形卡环安装示意图

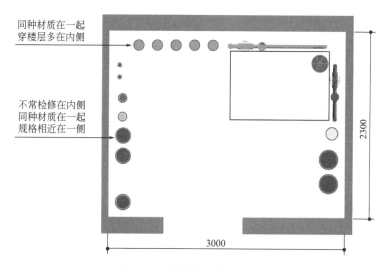

图 7.5-5　管道排布规则示意图

7.5.5　地面面层施工

1. 适用范围

适用于砂浆、混凝土、自流平地面的水暖管道井。

2. 施工准备

（1）管井内套管、地漏已全部施工完成。

（2）基层清理干净。

（3）施工材料检验合格。

（4）已完工墙面、管道成品保护。

3. 质量要求、质量通病及预防措施

1）质量要求

（1）砂浆、混凝土面层密实光洁、色泽一致，无起砂、空鼓、脱皮、麻面等现象，管根及边角部位处理细致。

（2）混凝土面层施工前一天应洒水湿润基层，浇筑前涂刷素水泥砂浆结合层。

（3）有地漏和坡度要求的，应按设计要求做好排水坡度。

（4）砂浆、混凝土地面完成8～12h内洒水养护，养护时间不少于7d。

（5）地坪漆面层分层涂刷，厚度均匀，表面光滑平整，无漏涂或堆积现象。

2）质量通病及预防措施

（1）地面起砂。

预防措施：原材料质量符合规范要求，严格控制水灰比。垫层应先湿润，掌握好面层的收面时间，未达到强度严禁上人，按规范要求时间养护。

（2）地面空鼓。

预防措施：将基层清理干净，涂刷水泥浆结合层，在施工前对地面进行湿润。

（3）倒泛水。

预防措施：施工中首先应保证楼地面基层标高准确，以地漏为中心向四周辐射，找好坡度。安装地漏时，应注意标高准确，不要超高。

（4）自流平地面空鼓。

基层地面应平整、光滑，无起砂。底层密封应严密，面层涂料搅拌充分，涂刷均匀。

4. 工艺流程

抄标高线→基层处理→安装预埋检查→抹灰饼→浇水润湿→水泥浆结合层→铺水泥砂浆或混凝土→收面压光→养护→细部处理→基层干燥→基层除尘及杂物→地坪漆涂刷→成品保护

5. 精品要点

（1）边角、管根等部位基层细部处理精细，边界清晰。

（2）地面排水坡向正确，排水坡度符合要求，排水通畅、无积水。

（3）地坪漆立面涂刷上返至踢脚线，高度为100～120mm，出墙厚度8～10mm。

（4）颜色分界部位粘贴美纹纸，防止交叉污染，保证分界线顺直、清晰。

6. 实例或示意图

实例图见图7.5-6。

7.5.6 管道保温

1. 适用范围

适用于管道有保温要求的水暖管道井。

图7.5-6　扁地面面层实例图

2. 施工准备

（1）管道强度及严密性试验已合格，通过验收。

（2）管道防腐、表面除污等工序已完成。

（3）管井内结构、装饰工程的各工序均已施工完成。

3. 质量要求、质量通病及预防措施

1）质量要求

（1）管道保温材料必须符合设计及规范要求，保温材料已按相关规范要求进行建筑节能、燃烧性能等现场取样复试，现场检测保温材料的厚度及表观质量满足设计要求。

（2）橡塑保温所有割缝、接缝处都需用专用胶水粘接密封，保温管与管道接触面也应用胶水涂满密封。玻璃棉保温割缝、接缝处使用铝箔胶带密封。

（3）应控制橡塑胶粘剂的涂刷厚度，涂刷应均匀，不宜多遍涂刷。

（4）管道采用橡塑保温时，规格≤DN100的管道使用管材保温，管径＞DN100的管道及阀门、三通、弯头等复杂形状的管件应采用板材保温。采用玻璃棉保温时，均使用管壳进行保温。

2）质量通病及预防措施

（1）保温与管道贴合不紧密。

预防措施：首先选用的保温管材规格要与管道外径相匹配，其次橡塑保温胶水涂抹要均匀满刷，粘贴时应将保温材料与管道充分包裹，表面平顺无皱褶。

（2）管道保温接缝外露，影响观感。

预防措施：管道保温的接缝应朝向管道侧面或面向管井墙壁，弯头接缝应朝向弯头内侧。

4. 工艺流程

橡塑保温材料现场下料→管道及橡塑保温涂胶→保温管、板粘贴

玻璃棉管壳现场下料→沿纵向剖开包裹管道→铝箔胶带密封接缝

5. 精品要点

（1）选用的材料规格与管道管径相匹配，做到选用合理，量体裁衣。

（2）保温层应严密贴合在管道上，无松弛、褶皱、裂缝等现象。

（3）保温接缝顺直、美观，严密贴合管道。

（4）纵横缝必须错缝搭接，不能有通缝，纵向缝不要设置在管底和管顶的中心垂线上。

（5）保温接缝位置设置隐秘、不外露，接缝处严密，法兰、阀门、水表等处的保温采用定型方式进行包裹，保温层表面洁净。

（6）玻璃棉保温管壳外表宜自带铝箔，接缝位置使用铝箔胶带粘贴严密，平整饱满。若无铝箔时，宜包裹防火压延膜、铝壳等保温保护层。

（7）保温层在穿过楼板、墙体套管时应连续不间断。

6. 实例或示意图

实例图见图7.5-7、图7.5-8。

图 7.5-7　穿楼板套管内保温连续

图 7.5-8　管道玻璃棉保温安装实例

7.5.7　管道封堵

1. 适用范围

适用于各类型工程的水暖管道井。

2. 施工准备

（1）封堵材料的耐水、耐火性能符合设计及规范要求。

（2）立管位置已校核并固定，管道保温已施工完成。

3. 质量要求、质量通病及预防措施

1）质量要求

（1）防火材料性能等应符合国家现行产品标准和设计要求。

（2）防火封堵应填塞密实。

（3）若为不保温管道，在管道安装后将油麻或岩棉塞入套管中部，填充套管的中间 2/3 部位，并将管道的上下左右填充密实；再用石棉水泥分层填充分层捣实至距套管口 5～10mm 处；最后用防火泥在套管口封堵。

（4）若为保温管道，用防火泥填充套管内部，最后在套管口用防火泥抹成斜坡形状即可。

2）质量通病及预防措施

套管封堵未按要求进行防水及防火双重处理。

预防措施：严格按照防水封堵管中、防火封堵罩面的要求处理套管封堵。严禁直接使用混凝土、砂浆或灌浆料直接封堵。

4. 工艺流程

套管内部清理→油麻或岩棉填塞→水泥捣实→防火泥封口

5. 精品要点

（1）套管间隙均匀，防火泥封堵应平整、连续，接缝处均匀无杂物残留。

（2）防火泥在套管口用腻子刀刮平，做成斜坡形状，宽度及坡度应一致。

6. 实例或示意图

实例图见图 7.5-9。

(a)   (b)

图 7.5-9 管道封堵实例图

7.5.8 管道标识制作及铺贴

1. 适用范围

适用于各类型工程的水暖管道井。

2. 施工准备

（1）管道冲洗、通水等试验及保温已全部完成。

（2）根据管道水流方向、介质类型、规格材质、外观颜色制定管道标识方案。确定图样及铺贴方式。

3. 质量要求、质量通病及预防措施

1）质量要求

（1）根据管道系统设计所需的标识，标识内容应反映系统名称及编号、介质流向；标识形式包括颜色、色环、文字、箭头。

（2）喷漆或粘贴前管道表面应清理干净、干燥。采用自喷漆时，喷涂应防止污染，周围应保护到位。

（3）喷涂或粘贴要牢固、清晰，喷涂无流坠，粘贴无翘边。

（4）通过调整字符间距，确保成排管道标识字体总长度均保持一致。

2）质量通病及预防措施

（1）标识字体大小不一、长度不等、字体方向及安装位置不便于观察。

预防措施：管道标识在策划时，应尽量保持字数一致，不一致时宜使所有文字的总长度相同，成排不同管径的管道取中间管径对应的字体大小进行整体制作。标识的文字部分应与观察者目视高度基本一致，不宜设置在管道底部。

（2）标识流向箭头与介质流向相反。

预防措施：在喷涂或张贴流向箭头时，仔细核对图纸及现场，尤其对采暖、空调系统供回水、给中水、热水的分区供水方式进行仔细校对。

（3）标识未明确分区，着色及功能描述模糊。

预防措施：标识文字应包含系统分区、系统功能、使用部位等内容，按介质类型及系统功能进行着色。

4. 工艺流程

图样设计→图样制作→位置确定及清理→喷涂或粘贴

5. 精品要点

（1）标识部位应选在宜观察、便于操作的直线段上，避开管件等部位，成排管道标识应整齐一致，标识总长度以无阀门、管卡的直管段中的最短者为基准制作。

（2）标识中心线应与管道轴线中心线重合，朝向管井门或通道侧，便于观察。

（3）不同管径的管道成排成列布局，标识应根据管径大小取中间值，保证成排成列管道字体大小一致。

（4）管道标识制作宜参照表 7.5-1、表 7.5-2 执行。

管道标识制作要求（一）　　　　　　　　　　　　　　　　表 7.5-1

管道外径 mm（含保温层）	50～159	160～249	250～500	500～700	700 以上
文字宽度（mm）	30～60	60～80	80～150	150～200	200 以上管径×25%
字符间距	≤文字宽度	≤文字宽度	≤文字宽度	≤文字宽度	≤文字宽度
流向标识长度 L（mm）	3 倍文字宽度	3 倍文字宽度	3 倍文字宽度	3 倍文字宽度	3 倍文字宽度

管道标识制作要求（二）　　　　　　　　　　　　　　　　表 7.5-2

流向标示长度 L	箭头长度 L2	箭头宽度 H	箭尾宽度 h
3 倍文字宽度	1.5H	文字宽度×75%	0.5H

6. 实例或示意图

示意图见图 7.5-10、图 7.5-11。

图 7.5-10　管道标识三维示意图

图 7.5-11　管道标识实例示意图

说明：

管道标识必须注明识别色、介绍名称和流向。

7.5.9 管井防火门安装

1. 适用范围

适用于各种类型工程管道井。

2. 施工准备

（1）防火门已检验合格。

（2）门框安装采用干法施工，在洞口及墙体抹灰湿作业后进行。

（3）管道安装完毕后进行门扇及五金件安装。

3. 质量要求、质量通病及预防措施

1）质量要求

（1）管井门应用非燃烧体材料制作。

（2）门框安装应突出墙面装饰完成面5mm，打硅酮密封胶处理，注胶应平整密实，胶缝宽度均匀、表面光滑、整洁美观。

（3）门扇与上框的活动间隙不大于3mm、与下框的活动间隙不大于9mm，双扇门扇之间缝隙不大于3mm。门框扣盖贴合严密，合页螺钉齐全、方向一致。

2）质量通病及预防措施

（1）门扇漆面脱落或锈蚀。

预防措施：做好运输、安装过程中的成品保护，防碰撞，防止门扇淋水、浸泡。

（2）防火门框内砂浆未填满。

预防措施：安装门框前检查框内砂浆是否饱满，如有缺失应进行补填。

（3）门扇开关噪声大。

预防措施：安装前对合页进行检查，不合格者严禁使用。复核门框、门扇安装是否方正。

4. 工艺流程

门口复尺→门框安装、固定→收口→门扇安装、校正→五金件安装→门框打胶收边

5. 精品要点

（1）门扇及门框无污染和划痕，周边墙面无污染。

（2）门框凸出墙面一致，四周收口美观。

（3）门锁距地面高度宜为900～1050mm，开关灵活，无抖动现象，门扇开启灵活，固定牢固。

（4）管井门应设置醒目标识牌。

第8章
卫生间

8.1 一般规定

（1）卫生间整体排砖应布局合理、排砖美观、接缝平整、做工精细。

（2）防霉防潮措施可靠，墙顶地三维对缝，洁具安装牢固、位置合理、排水畅通。

（3）卫生间地面应防滑，地漏位置合理、套割精细，排水坡度符合要求、排水通畅。

（4）无障碍设施齐全、位置准确、牢固可靠、标识清晰、功能完善。

（5）开关、插座安装位置合理、便于操作，并列的面板应排列整齐、高度一致。

（6）灯具、喷淋头、风口等末端设备协调布置、美观整齐。

（7）风口与风管连接紧密牢固，与装饰紧密贴合，表面平整、不变形。

（8）灯具质量大于10kg时，应固定在螺栓或预埋吊钩上，确保安全可靠，严禁固定于吊顶龙骨。

（9）吊顶表面平整、洁净美观、色泽一致，金属块材吊顶板缝顺直、宽窄一致，无翘曲、凹坑、划痕。套割尺寸准确、边缘整齐。

（10）卫生间木门框下部应采取可靠的防潮措施，避免门框吸水变形，木门扇底部宜设置换气孔。

（11）五金件安装位置正确、对称、牢固，横平竖直，无变形。

（12）木门框、门扇合页位置应两面开槽，裁口尺寸吻合，螺钉与合页配套使用，合页螺钉应齐全、方向一致。

（13）洗手盆下部设置钢托架，要求安装牢固可靠、无松动。

（14）排水管应垂直布置，底部有效设置存水弯，存水弯与排水管的间隙用沥青麻丝填塞密实后加不锈钢装饰圈。

8.2 规范要求

8.2.1 《建筑内部装修设计防火规范》GB 50222—2017

4.0.1 建筑内部装修不应擅自减少、改动、拆除、遮挡消防设施、疏散指示标志、安全出口、疏散出口、疏散走道和防火分区、防烟分区等。

4.0.4 地上建筑的水平疏散走道和安全出口的门厅，其顶棚应采用 A 级装修材料，其他部位应采用不低于 B₁ 级的装修材料。

8.2.2 《住宅室内装饰装修设计规范》JGJ 367—2015

3.0.4 住宅共用部分的装饰装修设计不得影响消防设施和安全疏散设施的正常使用，不得降低安全疏散能力。

3.0.7 住宅室内装饰装修设计不得拆除室内原有的安全防护设施，且更换的防护设施不得降低安全防护的要求。

8.2.3 《建筑装饰装修工程质量验收标准》GB 50210—2018

3.1.4 既有建筑装饰装修工程设计涉及主体和承重结构变动时，必须在施工前委托原结构设计单位或者具有相应资质条件的设计单位提出设计方案，或由检测鉴定单位对建筑结构的安全性进行鉴定。

7.1.12 重型设备和有振动荷载的设备严禁安装在吊顶工程的龙骨上。

8.2.4 《公共建筑吊顶工程技术规程》JGJ 345—2014

4.1.7 吊杆、反支撑及钢结构转换层与主体钢结构的连接方式必须经主体钢结构设计单位审核批准后方可实施。

4.1.8 重型设备和有振动荷载的设备严禁安装在吊顶工程的龙骨上。

8.2.5 《住宅室内防水工程技术规范》JGJ 298—2013

4.1.2 住宅室内防水工程不得使用溶剂型防水涂料。

5.2.1 卫生间、浴室的楼、地面应设置防水层，墙面、顶棚应设置防潮层，门口应有阻止积水外溢的措施。

5.2.4 排水立管不应穿越下层住户的居室。

7.3.6 防水层不得渗漏。

检验方法：在防水层完成后进行蓄水试验，楼、地面蓄水高度不应小于 20mm，蓄水时间不应少于 24h；独立水容器应满池蓄水，蓄水时间不应少于 24h。

检验数量：每一自然间或每一独立水容器逐一检验。

8.2.6 《建筑给水排水设计标准》GB 50015—2019

3.3.2 当采用中水为生活杂用水时，生活杂用水系统的水质应符合现行国家标准《城市污水再生利用 城市杂用水水质》GB/T 18920 的规定。

3.3.3 当采用回用雨水为生活杂用水时，生活杂用水系统的水质应符合所供用途的水质要求，并应符合现行国家标准《建筑与小区雨水控制及利用工程技术规范》GB 50400 的规定。

3.3.4 卫生器具和用水设备等的生活饮用水管配水件出水口应符合下列规定：

1 出水口不得被任何液体或杂质所淹没；

2 出水口高出承接用水容器溢流边缘的最小空气间隙，不得小于出水口直径的 2.5 倍。

3.3.5 生活饮用水水池（箱）进水管应符合下列规定：

1 进水管口最低点高出溢流边缘的空气间隙不应小于进水管管径，且不应小于 25mm，可不大于 150mm；

3.3.13 严禁生活饮用水管道与大便器（槽）、小便斗（槽）采用非专用冲洗阀直接连接。

4.3.10 下列设施与生活污水管道或其他可能产生有害气体的排水管道连接时，必须在排水口以下设存水弯：

1 构造内无存水弯的卫生器具或无水封的地漏；

2 其他设备的排水口或排水沟的排水口。

4.3.11 水封装置的水封深度不得小于 50mm，严禁采用活动机械活瓣替代水封，严禁采用钟式结构地漏。

4.4.2 排水管道不得穿越下列场所：

1 卧室、客房、病房和宿舍等人员居住的房间；

2 生活饮用水池（箱）上方；

3 遇水会引起燃烧、爆炸的原料、产品和设备的上面；

4 食堂厨房和饮食业厨房的主副食操作、烹调和备餐的上方。

8.2.7 《给水排水管道工程施工及验收规范》GB 50268—2008

1.0.3 给水排水管道工程所用的原材料、半成品、成品等产品的品种、规格、性能必须符合国家有关标准的规定和设计要求；接触饮用水的产品必须符合有关卫生要求。严禁使用国家明令淘汰、禁用的产品。

3.1.9 工程所用的管材、管道附件、构（配）件和主要原材料等产品进入施工现场时必须进行进场验收并妥善保管。进场验收时应检查每批产品的订购合同、质量合格证书、性能检验报告、使用说明书、进口产品的商检报告及证件等，并按国家有关标准规定进行复验，验收合格后方可使用。

3.1.15 给水排水管道工程施工质量控制应符合下列规定：

1) 各分项工程应按照施工技术标准进行质量控制，每分项工程完成后，必须进行检验；

2) 相关各分项工程之间，必须进行交接检验，所有隐蔽分项工程必须进行隐蔽验收，未经检验或验收不合格不得进行下道分项工程。

3.2.8 通过返修或加固处理仍不能满足结构安全或使用功能要求的分部（子分部）工程、单位（子单位）工程，严禁验收。

9.1.10 给水管道必须水压试验合格，并网运行前进行冲洗与消毒，经检验水质达到标准后，方可允许并网通水投入运行。

9.1.11 污水、雨污水合流管道及湿陷土、膨胀土、流砂地区的雨水管道，必须经严密性试验合格后方可投入运行。

8.2.8 《建筑给水排水及采暖工程施工质量验收规范》GB 50242—2002

3.3.3 地下室或地下构筑物外墙有管道穿过的，应采取防水措施。对有严格防水要求的建筑物，必须采用柔性防水套管。

3.3.16 各种承压管道系统和设备应做水压试验，非承压管道系统和设备应做灌水试验。

5.2.1 隐蔽或埋地的排水管道在隐蔽前必须做灌水试验，其灌水高度应不低于底层卫生器具的上边缘或底层地面高度。

检验方法：满水15min水面下降后，再灌满观察5min，液面不降，管道及接口无渗漏为合格。

10.2.1 排水管道的坡度必须符合设计要求，严禁无坡或倒坡。

检验方法：用水准仪、拉线和尺量检查。

8.2.9 《建筑电气工程施工质量验收规范》GB 50303—2015

18.1.1 灯具固定应符合下列规定：

1 灯具固定应牢固可靠，在砌体和混凝土结构上严禁使用木楔、尼龙塞或塑料塞固定；

2 质量大于10kg的灯具，固定装置及悬吊装置应按灯具重量的5倍恒定均布载荷做强度试验，且持续时间不得少于15min。

20.1.3 插座接线应符合下列规定：

1 对于单相两孔插座，面对插座的右孔或上孔应与相线连接，左孔或下孔应与中性导体（N）连接；对于单相三孔插座，面对插座的右孔应与相线连接，左孔应与中性导体（N）连接。

2 单相三孔、三相四孔及三相五孔插座的保护接地导体（PE）应接在上孔；插座的保护接地导体端子不得与中性导体端子连接；同一场所的三相插座，其接线的相序应一致。

3 保护接地导体（PE）在插座之间不得串联连接。

4 相线与中性导体（N）不应利用插座本体的接线端子转接供电。

8.3 管理规定

（1）创建精品工程应以经济、适用、美观、节能环保及绿色施工为原则，做到策划先行，样板引路，过程控制，一次成优。

（2）质量策划、创优策划工作应全面、细致，从工程质量及使用功能等方面综合考虑，明确细部做法，统一质量标准，加强过程质量管控措施，达到一次成优。

（3）采用 BIM 模型、文字及现场样板交底相结合的方式进行全员交底，明确施工工序、质量要求及标准做法，以确保策划的有效落地。

（4）各专业所采用的材料、设备应有产品合格证书和性能检测报告，其品种、规格、性能等应符合国家现行产品标准和设计要求。

（5）全面考虑各单位施工内容及相互影响因素，合理安排工序穿插。

（6）加强过程质量的监督检查，确保各环节施工质量。同时，做好专业间工作面移交检查验收工作，重点关注隐蔽内容及成品保护措施。

（7）技术复核工作至关重要，是保证每个关键节点符合要求的关键过程。各施工阶段及时对各工序涉及的重点点位进行复核、实测及纠偏，确保符合图纸及深化要求。

（8）各工种穿插施工时，有效采取护、包、盖、封等成品保护措施。

8.4 深化设计

卫生间深化设计需要各专业协同工作、系统深化，做到深化排布合理、系统功能完善、观感效果美观，深化设计图需经总包、监理、业主及设计单位会签后实施。

8.4.1 防水工程深化设计

防水工程深化设计时明确墙面各部位涂刷宽度、高度以及门口涂刷范围。卫生间墙面防水不宜采用聚氨酯防水涂料，以免墙砖空鼓脱落。

8.4.2 瓷砖排布深化设计

卫生间瓷砖深化设计时尽量做到全部使用整砖，并进行合理的排砖设计，若出现非整砖也要做到对称美观，不足整块的应用在边角处，且不允许出现小于 1/2 整砖的面砖。

瓷砖排板满足要求后方可铺贴施工，排板一般包括砖缝大小、图案及色泽等，墙砖、地砖、吊顶要保持对缝一致。

8.4.3 机电图纸深化设计

机电部分图纸深化设计主要将电气点位图、给水排水点位图、暖通设计图优化在一张图纸内，通过合并的图纸或者 BIM 建模发现各专业的冲突问题。

在卫生间图纸深化设计时应明确开关、插座、灯具、等电位、地漏、排水立管、洗手盆的位置，并通过优化图经设计单位、建设单位确认后施工，可避免后期不必要的拆改，另外应布局合理，提升使用功能。

8.4.4 各专业综合排布设计

卫生间设置整体遵循六对齐、一中心原则，即：洗脸台板上口与墙砖对齐；台板立面挡板与墙砖对齐；镜子上下水平缝对齐，两侧对称，竖缝对齐；门上口和水平缝、立框和砖模数对齐；小便器、落地、上口、墙缝、两边和竖缝对齐；电器开关、插座、上口水平缝对齐。地漏居于地砖板块中心。

在图纸深化设计时，根据排砖深化图将卫生间洁具中心调整在饰面砖对称、居中或砖缝的位置上，上下与饰面砖缝平齐，洞口的尺寸在不影响功能的前提下可根据墙砖的排布作微调。五金件安装位置要结合洁具、房间布局及瓷砖排布位置综合考虑，角阀安装位置尽量放置在瓷砖中心位置，毛巾杆安装与砖缝平齐，淋浴器需考虑与墙面的距离，竖向淋浴杆可与砖缝对齐或居中布置。

卫生间综合排布示意图见图 8.4-1。

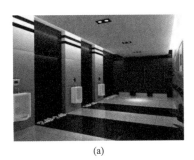  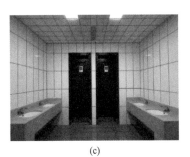

(a)   (b)   (c)

图 8.4-1 卫生间综合排布示意图

8.5 关键节点工艺

8.5.1 给水管安装

1. 适用范围

适用于给水管材质为不锈钢管、塑料管或复合管的卫生间。

2. 施工准备

(1) 卫生间深化设计已完成。

(2) 用于施工的管道材料已进场并检验合格。

(3) 洁具和五金件选型已确定。

3. 质量要求、质量通病及预防措施

1）质量要求

(1) 给水管道必须采用与管材相适应的管件，生活给水系统所涉及的材料必须达到饮用水卫生标准。

(2) 给水立管和装有 3 个或 3 个以上配水点的支管始端均应安装可拆卸的连接件。

(3) 冷、热水管道上、下平行安装时，热水管应在冷水管上方；垂直平行安装时，热水管应在冷水管左侧。

（4）给水系统交付使用前必须进行通水试验并做好记录。

（5）生产给水系统管道在交付使用前，必须冲洗和消毒并经有关部门取样检验，符合国家生活饮用水标准方可使用。

（6）水表应安装在便于检修、查看的位置。安装螺翼式水表，表前与阀门应有不小于8倍水表接口直径的直线管段，表外壳距墙表面净距为10～30mm；水表进水口中心标高按设计要求，允许偏差为10mm。

（7）冷热水管选材正确，管道接口牢固，无漏水现象，管道支架牢固，间距合理，管道安装达到横平竖直，阀门、仪表、补偿装置安装正确。

（8）室内给水与排水管道平行敷设时，两管间的最小水平净距不得小于0.5m；交叉铺设时，垂直净距不得小于0.15m。给水管应铺在排水管上面，若给水管必须铺在排水管的下面时，给水管应加套管，其长度不得小于排水管管径的3倍。

（9）塑料给水管热熔连接时，管材与管件最大偏离角度不得超过5°。

（10）热熔连接管的结合面应有一个均匀的熔接圈，熔接过程中不得转动，不得出现局部熔瘤或熔接圈凹凸不均的现象。

（11）不锈钢管、塑料管及复合管，应采用金属制作的管道支架，应在管道与支架间加衬非金属垫或套管。

（12）两根管交叉重叠时，必须使用绕曲管。

2）质量通病及预防措施

（1）预留点位不符合洁具安装或设计规范要求。

预防措施：严格按照设计规范进行预留点位定位，设计规范无要求时，根据洁具选型和卫生间深化设计进行点位定位。

（2）暗埋给水管道预留点位突出或凹陷于墙体装饰面。

预防措施：预留点位所在管道施工前，应明确墙体建筑和装修做法，并在地面弹出墙体装饰面完成线，根据完成线确定预留点位。

4. 工艺流程

施工准备→预制加工→干管安装→立管安装→水压试验→管道保温→封口堵洞→通水试验→冲洗、消毒

5. 精品要点

（1）支管安装必须满足规范及设计坡度要求。

（2）同一房间或管井内管道的支架在同一高度上。

（3）暗埋不锈钢管道应采用覆塑不锈钢管，避免管道结露。

（4）墙体内暗埋的预留给水管道点位与墙体装饰面齐平。

（5）管道接头处光滑、周边洁净，无堆积现象、无污染。

（6）管线排布整齐、间距合理、层次清晰，支架形式符合要求，设置合理、便于检修。

6. 实例或示意图

示意图见图8.5-1。

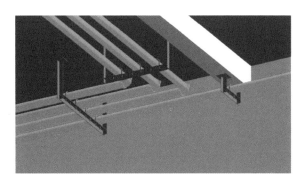

图 8.5-1　给水管道安装做法示意图

8.5.2　排水管安装

1. 适用范围

适用于排水管材质为铸铁管或塑料管的同层和异层排水卫生间。

2. 施工准备

（1）卫生间深化设计已完成。

（2）用于施工的管道材料已进场并检验合格。

（3）洁具选型已确定。

3. 质量要求、质量通病及预防措施

1）质量要求

（1）排水塑料管必须按照设计要求及位置加设伸缩节，如无设计时，伸缩节间距不大于 4m，住宅工程一般每层在同一高度处设置伸缩节，管道穿楼板处为固定支撑。

（2）塑料排水管道采用金属支架时，必须在与管外径接触处垫好橡胶垫片。

（3）排水管道安装完成后，应按施工规范要求进行灌水试验。

（4）灌水试验后，排水系统管道的立管、主干管，应进行通球通水试验。

（5）金属排水管道上的吊钩或卡箍应固定在承重结构上。固定件间距：横管不大于 2m；立管不大于 3m。楼层高度小于或等于 4m 时，立管可安装 1 个固定件。立管底部的弯管处应设支墩或采取固定措施。

（6）在转角小于 135°的污水横管上，应设置检查口或清扫口。

（7）污水横管的直线管段，应按设计要求的距离设置检查口或清扫口。

（8）在连接 2 个及 2 个以上大便器或 3 个及 3 个以上卫生器具的污水横管上应设置清扫口，当污水管在楼板下悬吊敷设时可将清扫口设在上一层楼地面上，污水管起点的清扫口与管道相垂直的墙面距离不得小于 200mm，若污水管起点设置堵头代替清扫口时与墙面距离不得小于 400mm。

（9）高层建筑中明设排水塑料管道穿墙（楼板）时需要加装阻火圈。

（10）管道的接口不得设在套管内。

（11）如无特殊设计要求，在最底层、有卫生间器具的最高层及中间楼层每隔一层的立管上设置一个检查口，检查口中心高度距地面 1m，允许偏差 20mm。检查口朝向应便于检修，暗装立管在检查口应设置活动的检修门。

2）质量通病及预防措施

（1）使用时发现排水不畅通、通水试验时未发现。

预防措施：通水试验应保证给水系统大于正常给水压力下供水，排水点的排水量达到设计的最大量。

（2）甩头坐标不正、标高超差。

预防措施：管道铺设前核对结构阶段给出的有关墙体轴线和地平标高线的准确性，各预制管铺设完互相接口前再次复核各甩头的坐标与标高是否符合要求。

4. 工艺流程

施工准备→预制加工→干管安装→立管安装→卡架固定→封口堵洞→闭水试验→通水试验→通球试验

5. 精品要点

（1）排水管道采用塑料材质时，优先选用止水节预埋套管工艺。

（2）管道吊模前应复核立管垂直度，在保证立管垂直度后再封堵吊模。

（3）吊模封堵分两次吊模，确定不渗不漏后再交接至下道工序。

（4）塑料排水管道安装时，须采用可靠措施临时吊挂预安装，甩口坐标、位置、管道标高、坡度应符合设计要求。

（5）同层排水管道接口、支架等节点部位应采用包裹处理墩台包裹，且支架设置合理，隐蔽前管道灌水试验合格。

（6）同层排水卫生间必须设置事故排水地漏，且地漏设置在最低处，设防堵措施。

（7）同层排水主管分支卫生间三通采用定制加长三通，避免将接口设置在卫生间墙体内。

（8）H 型透气管应设置在检查口下方，便于灌水试验。

6. 实例或示意图

示意图见图 8.5-2、图 8.5-3。

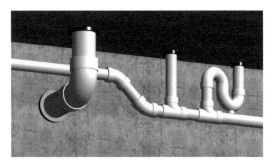

图 8.5-2　管道根部做法示意图

图 8.5-3　管道伸缩节做法示意图

8.5.3　防水施工

1. 适用范围

适用于使用涂料型防水的卫生间。

2. 施工准备

（1）根据水平标准线和设计厚度，在四周墙、柱上弹出面层的上平标高控制线。边施工边复核标高，做好标高控制。

（2）处理基层表面平整、坚实，无尖锐角、浮尘和明水，并按设计要求做好防水节点处理；油污清除干净，低凹破损处修平。

（3）按产品包装上标注的液料、粉料和水的比例进行配比。水的添加量可适当调节，以调整涂料黏稠度，满足立面和平面不同部位的施工要求。

（4）防水涂料的配合方法为先将液料和水倒入搅拌桶中，在手提搅拌器不断搅拌下将粉料徐徐加入其中，至少搅拌 5min，彻底搅拌均匀，呈浆状无团块。

（5）按设计要求在留设凹槽内填密封材料，在阴阳角、管根等细部应多遍密封。

3. 质量要求、质量通病及预防措施

1）质量要求

（1）吊洞施工前撕除排水立管保护膜，洞口混凝土进行凿毛处理并浇水湿润。首次浇筑至洞口体积 2/3，闭水检查确保无渗漏后继续浇筑至楼板一平。为提高防渗漏效果，建议在吊洞完成后沿管根四周涂刷 1.5mm 厚聚氨酯涂料，涂刷范围要超过洞口边缘 5~10cm。

（2）普通墙面防水高度不低于 300mm；被用水设施遮挡的墙面，防水高度应高于遮挡物上方 300mm，如洗手台、浴缸等；淋浴区防水高度不低于 1800mm。

（3）防水涂料墙面涂刷范围及高度应参照设计文件施工，地面涂刷时，防水层应延伸至门洞口外边缘外侧不小于 500mm，且沿门洞口两侧 200mm 范围内上返，高度不小于 300mm。

（4）防水层验收合格后进行蓄水试验，最小蓄水高度不得小于 20mm，蓄水试验不得少于 24h，验收合格后方可进行保护层、饰面层施工。

2）质量通病及预防措施

（1）质量通病：涂料表面出现孔洞，有明显开裂。

预防措施：涂料施工前，应仔细清理基层，不得有浮尘和浮砂。

（2）质量通病：涂料防水面翘边翻起。

预防措施：施工前基层应洁净，涂刷收头完整，粘接牢固。

（3）质量通病：涂料防水层完成后被破坏或干燥速度缓慢。

预防措施：涂料防水层在施工中或全部涂料施工完，应做好成品保护；同时应减少或避免在低温状态下施工。

4. 工艺流程

楼板洞口吊洞→地坪施工→清理基层→细部附加层→涂料防水涂刷→闭水试验→防水保护层→闭水试验

5. 精品要点

（1）防水涂料施工时，应注意成品保护措施，不得污染其他部位或设备。

（2）精装交付的卫生间，应在地砖铺贴前对门口处做细部防水处理。

（3）地漏、管根、排水口根部等防渗漏重点部位，应采用成品止水节；还须适当增加防水层厚度，消除渗漏隐患。

（4）防水基层应干净整洁、坚实平整、表面干燥，表面不得有起砂起皮、空鼓开裂等现象，阴角应做成圆弧状。

（5）防水涂料施工时，同一道防水涂料涂刷方向应保持一致，每道防水层之间涂刷方向应相互垂直。

（6）防水涂层厚度需符合设计要求，每道防水涂刷均匀、无遗漏，应多道薄涂，严禁一次性涂刷过厚。

（7）应加强地砖面层勾缝的质量控制，勾缝不得有遗漏，坐便器、洗手台盆等立管根部与地面砖间缝隙应封堵严密，避免表层水下渗。

6. 实例或示意图

示意图见图 8.5-4～图 8.5-6。

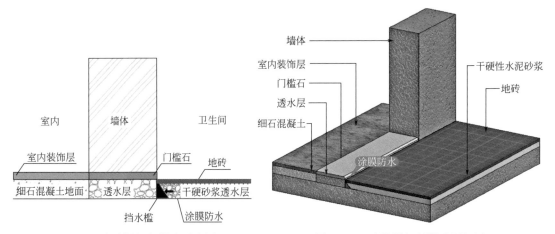

图 8.5-4　防渗漏细部做法示意图　　　　图 8.5-5　防渗漏细部做法剖视图

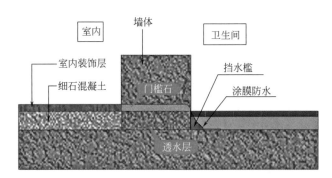

图 8.5-6　卫生间门口防渗漏细部做法示意图

8.5.4　地砖施工

1. 适用范围

适用于有精装修要求的卫生间。

2. 施工准备

（1）弹好墙面＋500mm 水平控制线，并校核无误。

（2）地面基层按设计要求施工完成，混凝土经养护达到规定强度。

（3）室内门框、预埋件、各种管道及地漏等安装完毕，经检查合格，地漏口已遮盖，并办理作业层结构的隐蔽手续。

（4）所有穿楼板的立管和套管管根孔洞已用细石混凝土灌好并封堵密实。

（5）顶棚、墙面抹灰已施工完毕，地漏处已找好泛水及标高。

（6）地面基层已验收合格，墙面镶贴完成。

（7）根据深化设计图样和工程实际尺寸，排砖放样。

（8）根据施工条件，应合理选用适当机具设备和辅助用具。

3. 质量要求、质量通病及预防措施

1）质量要求

（1）地砖的品种、规格、图案、颜色和性能应符合设计及国家现行有关标准的要求。

（2）地砖无裂纹、缺楞、掉角等缺陷。

（3）面层与下一层应结合（粘结）牢固、无空鼓。

（4）面层坡度应符合设计要求，不倒泛水、无积水。与地漏、管道结合处应严密牢固，无渗漏。

（5）表面平整、洁净、拼花正确，纹理清晰通顺，颜色均匀一致。

（6）加强成品保护措施，地砖养护期间严禁上人踩踏。

2）质量通病及预防措施

（1）质量通病：地面空鼓。

预防措施：基层清理干净，无积水，采用干硬性水泥砂浆，铺贴前浇水润湿，采用1∶1水泥砂浆扫浆均匀后铺设结合层，地砖铺贴前先将瓷砖浸泡后晾干，铺贴时均匀轻击压实，养护期内不得上人及堆放材料。

（2）质量通病：地面倒坡，有积水。

预防措施：提前放线排砖，按要求控制好地砖铺贴时泛水坡度处理，在抹灰并和标筋时找出泛水坡度。地漏安装时按500mm线控制地漏安装高度。

（3）质量通病：分隔不匀，墙地错缝。

预防措施：施工前利用 BIM 预排布，按瓷砖排布图进行详细技术交底。铺贴前检查瓷砖尺寸、颜色一致，缝隙控制在 2mm 以内，边铺边调，保持缝隙顺直，剔除不合格产品。

4. 工艺流程

检验预拌水泥砂浆、墙砖质量→选砖→实际尺寸测量→排砖及弹线→基底处理→浸砖→铺贴面砖→养护→填缝与清理→检查验收

5. 精品要点

（1）为了提高美观性，应采取墙砖压地砖的铺贴方式，避免"朝天缝"。

（2）应根据实际测量尺寸，按照对称、居中、对缝原则进行排板，无小于 1/2 窄条砖，非整砖应排在阴角处或不明显处。

（3）地砖应色泽一致、无色差，砖缝宽窄一致、交圈，接缝平整。

（4）卫生间地面应防滑防霉防潮，地漏位置合理、套割精细。

（5）地面排水坡向正确，排水坡度符合要求，排水通畅、无积水。

（6）墙、地面砖的缝隙应贯通，三维对缝。

（7）勾缝要求清晰顺直、平整光滑、深浅一致，缝应低于砖面 0.5～1mm。

（8）蹲台阳角处包铝角条，颜色与瓷砖相近，保护接缝且美观。

6. 实例或示意图

实例或示意图见图 8.5-7～图 8.5-11。

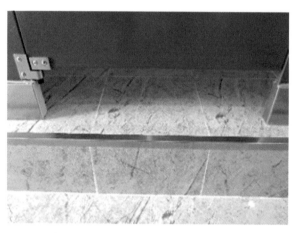

图 8.5-7　卫生间地面墩台阳角包铝角条

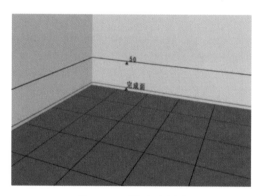

图 8.5-8　排砖示意图

图 8.5-9　面砖铺设示意图

图 8.5-10　地漏居中、套割安装

图 8.5-11　墩台、地面、墙面砖缝对齐

8.5.5　墙砖施工

1. 适用范围

适用于有精装修要求的卫生间。

2. 施工准备

(1) 墙面抹灰及有防水要求墙面的防水层、保护层施工完毕并验收合格。

(2) 安装好门窗框扇，隐蔽部位的防腐、填嵌必须处理好，并用水泥砂浆将门窗框、洞口缝隙塞严实。门窗框边缝塞堵密实，并粘贴保护膜。

(3) 设备安装的预埋件提前安装好，位置正确。

(4) 按饰面砖的尺寸、颜色进行选砖，并分类存放备用。

(5) 统一弹出墙面上的＋500mm 水平线，大面积施工前预先 BIM 排布，并做出样板墙并经确认，向施工操作人员做好技术交底工作。

(6) 管、线、盒等安装完并验收合格。

(7) 根据施工条件，应合理选用适当机具设备和辅助用具。

3. 质量要求、质量通病及预防措施

1) 质量要求

(1) 混凝土墙面基层处理：将凸出墙面的混凝土剔平，将残存在基层的砂浆粉渣、灰尘、油污清理干净，对表面较光滑的基体混凝土凿毛，或用掺界面剂胶的水泥细砂浆做成拉毛墙面，也可刷界面剂、并浇水湿润基层。

(2) 抹灰墙面基层处理：将基层表面的灰尘和污渍清理干净，对基层的平整度、垂直度进行检查，偏差较大者提前进行相应处理。

(3) 饰面砖的品种、规格、图案、颜色和性能应符合设计及国家现行有关标准的要求。

(4) 饰面砖粘贴工程的找平、防水、粘结和勾缝材料及施工方法应符合设计要求及国家现行产品标准和工程技术标准的规定。

(5) 铺贴瓷质地砖、抛光砖、釉面砖、玻化砖等浸泡砖时，应先将面砖清扫干净，放入净水中浸泡 2h 以上，取出待表面晾干或擦干净后方可使用。

(6) 满粘薄贴、厚贴法饰面砖工程应粘贴牢固、无空鼓。

(7) 满贴法施工的饰面砖工程必须无空鼓、裂缝、泛碱。

(8) 饰面砖表面平整、洁净、色泽一致，无裂纹和缺损。

2) 质量通病及预防措施

(1) 质量通病：墙面空鼓、脱落。

预防措施：基层清理干净，采用干硬性水泥砂浆，铺贴前浇水润湿，采用 1:1 水泥砂浆扫浆均匀后铺设结合层，地砖铺贴前将瓷砖浸泡后晾干，铺贴时均匀轻击压实，养护期内不得碰撞。

(2) 质量通病：分隔不匀，墙地错缝。

预防措施：施工前利用 BIM 预排布，按瓷砖排布图进行详细技术交底。铺贴前检查瓷砖尺寸、颜色一致，缝隙控制在 2mm 以内，边铺边调，保持缝隙顺直，剔除不合格产品。

（3）砖缝不平直、缝宽不均匀。

预防措施：应将色泽不同的瓷砖分别堆放，挑出翘曲、变形、裂纹、面层有杂质缺陷的釉面砖。同一类尺寸釉面砖，应用在同层房间或一面墙上，以做到接缝均匀一致。根据弹好的水平线，由下向上逐行粘贴，每贴好一行釉面砖，应及时用靠尺板横、竖向靠直，及时校正横、竖缝平直，严禁在粘贴砂浆收水后再进行纠偏移动。

4. 工艺流程

检验预拌水泥砂浆、墙砖质量→选砖→实际尺寸测量→排砖及弹线→基底处理→浸砖→铺贴面砖→养护→填缝与清理→检查验收

5. 精品要点

（1）应根据实际测量尺寸，按照对称、居中、对缝原则进行排板，无小于 1/2 窄条砖，非整砖应排在阴角处或不明显处。

（2）饰面砖应色泽一致、无色差，砖缝宽窄一致、交圈，接缝平整、严密。

（3）门窗两侧应对称铺贴。

（4）水、暖、电等线、管、盒应居于板块中间或沿一边骑缝。

（5）砖缝必须严格找水平弹线，立面应垂直方正，阳角应 45°倒角拼缝或在阳角处增加阳角条。

（6）贴完经自检合格后，清除缝隙里面的浮尘、杂质等，用填缝材料填缝。缝隙内粘结力强、憎水、无毒、无味、无污染勾缝剂的填嵌应密实、连续，水平缝和垂直缝相交处应处理细致。

6. 实例或示意图

实例或示意图见图 8.5-12、图 8.5-13。

图 8.5-12 墙、地面砖缝对齐 　　　　　　图 8.5-13 砖缝对齐、纹路一致、无色差

8.5.6 吊顶施工

1. 适用范围

适用于铝扣板、石膏板吊顶卫生间。

2. 施工准备

（1）标高控制线，根据图纸及现场实际情况确定标高，并在四周墙柱面弹出标高控制

线，经测量人员复核无误。

（2）吊杆点线，根据吊顶排板图确定吊杆中心点位置，用墨线弹出，龙骨双向中距1200mm，吊点弹线完毕后应及时检查。不得遗漏检修口、通道口等处的附加吊杆位置线。

（3）吊杆龙骨进场，吊杆与龙骨进场后，将材料报验资料上报，通过进场验收后，方可使用。龙骨搬运时造成翘曲、变形者，应予修理。

（4）吊杆固定，按照图纸及现场实际标高位置设置吊杆，并根据吊点位置安装固定吊杆，现浇钢筋混凝土板内预留 $\phi 8$ 钢筋吊环，双向吊点，中距1200mm，吊杆上部与板底预留吊环固定。当吊杆长度大于1.5m时，应设置反支撑。当吊杆长度大于2.0m时，应增做钢结构转换层，钢架制作及安装方案需报审通过后方可实施。

（5）安装专业配套龙骨，通过吊件与吊顶安装牢固，次龙骨采用配套轻钢龙骨，通过龙骨吊件与主龙骨固定安装。主龙骨的接长应采取对接，相邻两龙骨的端部通过对接片固定对接，主龙骨挂好后应基本调平。

（6）板材安装，饰面板上灯具、烟感器、喷淋头、风口箅子等设备的位置应合理、美观，与饰面的交接应吻合、严密，并做好检修口的预留，使用材料应与母体相同，安装时应严格控制整体性、刚度和承载力。

（7）安装压条或收口条，按设计要求或采用与饰面板材质相适应的收边条、阴角线或收口条收边。收边用石膏线时，必须在四周墙（柱）上预埋木砖，再用螺钉固定。整体安装完毕后，调试水平及清理。

3. 质量要求、质量通病及预防措施

1）质量要求

（1）吊顶标高、尺寸、起拱和造型应符合要求。

（2）板材的材质、品种、规格、图案及颜色应符合要求及国家标准的规定。

（3）吊杆、龙骨的材质、规格、安装间距及连接方式应符合产品使用要求。金属吊杆应进行表面防锈处理。

（4）板材与龙骨连接必须牢固可靠，不得松动变形。

（5）防水石膏板应具有较高的防水性能，表面吸水量 $\leqslant 160g/m^2$，吸水率在5%左右。

2）质量通病及预防措施

（1）质量通病：吊顶变形。

预防措施：利用吊杆或吊筋螺栓调整拱度。受力节点应装订严密、牢固，保证格栅的整体刚度。

（2）质量通病：吊顶面不平整。

预防措施：长龙骨的接长应采取对接；相邻龙骨接头要错开，避免主龙骨向边倾斜；吊件必须安装牢固，严禁松动变形；旋紧装饰板螺钉时，避免板的两端紧中间松，表面出现凹形。

（3）质量通病：接缝异形。

预防措施：安装时应拉通线找直，按拼缝中心线排放饰面板，排列保持整齐；装订时应沿中心线和边线进行，并保持接缝均匀一致；压条应沿装订线钉装，并应平顺光滑，线条整齐，接缝密合。

（4）质量通病：龙骨纵横方向线条不平直。

预防措施：按设计要求弹线，确定龙骨吊点位置，主龙骨端部或接长部位增设吊点，吊点间距不宜大于1.2m。吊杆距主龙骨端部距离不得大于300mm，当大于300mm时，应增加吊杆。吊杆长度大于1.5m时，应设置反支撑。

（5）质量通病：板面裂缝。

预防措施：固定螺钉时，从板的中央向四周展开固定；板与板之间预留5～7mm宽的缝隙且保证板面错缝，在对接处，使两板边均为整流器边或裁割边；吊顶面上人必须走主龙骨；大面积或通长的吊顶面，中间应预留伸缩缝。

4. 工艺流程

1）铝扣板施工工艺流程

弹标高水平线→划龙骨分档线→固定吊挂杆→安装边龙骨→安装主龙骨→安装次龙骨→罩面板安装→验收

2）石膏板吊顶施工工艺流程

弹标高水平线→划龙骨分档线→安装水电管线→安装边龙骨→安装主龙骨→安装次龙骨→隐蔽验收→安装石膏板→收口处理

5. 精品要点

（1）铝扣板吊顶表面平整、洁净美观、色泽一致，无翘曲、凹坑、划痕。接口位置排列有序，板缝顺直、宽窄一致，套割尺寸准确、边缘整齐。

（2）铝扣板、块套割尺寸准确，边缘整齐、不漏缝，条、块排列顺直方正。

（3）吊顶安装前须完成烟感、喷淋、风口等末端点位的调整、定位。

（4）饰面板上的灯具等设备位置合理、整齐美观，与饰面交接吻合、严密。

6. 实例或示意图

示意图见图8.5-14。

图8.5-14 吊顶示意图

8.5.7 开关插座安装

1. 适用范围

适用于各类型工程的卫生间。

2. 施工准备

(1) 电线管、线盒预埋完成，电线已施工完成并出线盒。

(2) 卫生间墙砖深化设计已完成，电气点位定位已明确。

(3) 开关插座选型完成，材料进场。

(4) 卫生间墙砖等装饰层施工完成，电气插座、开关点位开孔完成。

3. 质量要求、质量通病及预防措施

1) 质量要求

(1) 开关、插座材料必须具有 3C 安全认证标识。

(2) 开关、插座安装位置应便于操作，符合设计要求。

(3) 开关、插座安装前，先将接线盒内残留的水泥块、杂物剔除干净，再用抹布将盒内灰尘擦干净。

(4) 在同一室内的开关，需采用同一系列产品，开关的通断位置一致。

(5) 相线必须进开关控制。

(6) 插座接线并头采用鸡爪式并头，严禁在插座插接端子处分线。插座接线严格按照左零、右火、上地原则接线。

(7) 单相插座安装完成后，需用插座检测仪对插座的接线及漏电开关动作进行全数检测。

(8) 开关、插座最终完成后面板应紧贴装饰面，安装牢固。

2) 质量通病及预防措施

(1) 开关大小与墙砖开孔大小不契合，安装完成后边缘有缝隙。

预防措施：在墙砖开孔前提前进行模拟施工，在备用砖上根据开关面板大小确定合适的开孔尺寸，并进行样板安装，确定开关面板安装完成后，面板边沿能完全覆盖墙砖开孔，尺寸精确到 1mm 以内。

(2) 线盒安装定位不精确，造成墙砖排布后开关插座面板安装定位偏移，无法调整。

预防措施：必须在线盒预埋前完成墙砖排布，由精装单位进行放线定位，考虑装饰做法后进行线盒的定位安装，保证标高及左右距离符合要求。

4. 工艺流程

线盒清理→接线→开关、插座安装

5. 精品要点

(1) 开关的安装位置，距门边 150～200mm，距地高度为 1.3m，并且开关不得安装于单扇门背后，管线预埋前应对相应位置进行布局策划，根据卫生间墙体瓷砖布局，微调开关和插座距门边距离及高度，不能出现开关插座压瓷砖缝的现象。

(2) 相同型号并列安装及同一室内开关安装高度应一致，不同规格的开关、控制面板安装时应保持面板底平，并列开关之间高度误差不大于 1mm，同一室内安装的开关高度误差不大于 5mm。

(3) 同一室内的插座安装高度误差不得大于 5mm，并列安装的插座高度误差不得大于 1mm。

(4) 卫生间插座与开关应持平在 1350mm 高，洗衣机插座一般 1350mm 高，马桶后插座一般 350mm 高，电热水器插座在 1800～2000mm 高，并且要考虑电热水器所放的位置。

（5）卫生间应选用防溅水型插座，插座面板应紧贴墙面。

（6）开关位置应与灯具安装位置相对应，控制有序不错位，同一单元内开关方向应一致。

6. 实例或示意图

实例或示意图见图 8.5-15、图 8.5-16。

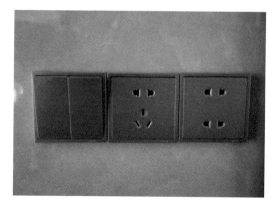

图 8.5-15　防溅水型插座实例图　　　　图 8.5-16　开关插座面板端正、高度一致

8.5.8　洁具安装

1. 适用范围

适用于各类型工程的卫生间。

2. 施工准备

（1）机电预埋管线已施工完成。

（2）卫生间深化设计已完成，施工现场定位已明确。

（3）洁具材料已进场并检验合格。

（4）卫生间墙砖、地砖等装饰层施工完成。

3. 质量要求、质量通病及预防措施

1）质量要求

（1）卫生器具的规格、型号及配件必须符合设计及合同要求，并有产品出厂合格证。

（2）检查卫生器具的外观是否正常，有无擦碰、变形、金属镀层剥落锈蚀等现象。应光滑、无裂纹、边缘平滑，色调一致。

（3）卫生器具的水箱应采用节水型产品。

（4）卫生器具安装牢固，无晃动。

（5）坐便器安装时，坐便器排污孔必须与污水管对中。坐便器排放口处安装好橡胶垫后与排污管相连，待干燥洁净后，交界面打胶处理。

（6）蹲便器安装完成后应比装饰面标高 3～5mm，周边打胶处理。

（7）洁具应按深化设计图纸进行定位，给水排水管道应据此图纸进行深化设计，洁具开孔待装饰墙地面砖（石材）排板和定位尺寸确定后方可施工。

（8）坐便器、蹲便器中心与侧墙的间距不得小于 450mm，小便斗、洗脸盆中心与侧墙的间距宜大于 550mm；管道预埋于轻质隔墙内时不得切横槽。

（9）蹲便器四周应突出地面完成面 3～5mm；蹲便器安装四角水平；地面完成面与蹲便器间缝隙不得超过 1.5mm。

（10）地漏宜采用深水封和防返溢地漏，水封不得小于 50mm；洗衣机地漏应为专用地漏，水封设置于排水支管上。

（11）地漏应布置在便于泄水的位置，不应布置在行走及站立的位置。

（12）小便斗间距应均匀、排布居中；与侧墙的间距宜大于 550mm；公共卫生间小便斗宜设置感应排水装置；小便斗的感应装置应灵敏可靠。

（13）地漏箅子的形式应与装修档次相匹配，低于排水表面 4～5mm，平整、光洁、美观，与周边接触严密，与瓷砖套割合理、整齐、大方。

2）质量通病及预防措施

（1）坐便器与排水管连接处漏水。

预防措施：坐便器排水口位置须与预留管管口位置相适应，安装时地面必须坚硬平整，预留口标高不得低于地面 100mm。

（2）洁具安装不平整，尺寸位置不准确、不稳固，影响使用。

预防措施：洁具安装前，须将该部分墙、地面找平，洁具定位准确并找正后方可固定，固定洁具的支托架要满足刚度和稳定性要求。

4. 工艺流程

卫生器具安装定位→卫生器具安装与稳固→卫生器具与墙地面缝隙处理→满水、通水试验

5. 精品要点

（1）台面和洗脸盆及台面打胶需密封，表面光滑，无气泡无渗水现象。洗脸盆与台面接触紧密，无缝隙，满水时无渗漏，排水时能迅速排出。

（2）小便器安装牢固，与墙体接触面打胶密实、光滑。

（3）坐便器水箱浮球装置灵敏、可靠，坐便器无晃动，排水时底座四周无水流出。

（4）浴缸安装时微坡向排水口侧，利于排水畅通，并在排水口位置预留检修口，排水口与排水管须密封无渗漏。

（5）洁具安装牢固、平整，接触紧密、平稳，成排洁具排列整齐、均匀布置，满足使用功能。

（6）地漏居中设置，与瓷砖套割合理、整齐、大方。

（7）地漏设置在易溅水的器具附近及地面最低处，同时不影响人的行走、站立和卫生间整体美观。

（8）卫生小便斗间距应均匀、排布居中，感应装置安装居中、高度一致、灵敏可靠，地面砖与墙面砖对缝。

（9）蹲便器配件齐全完好、无损伤，启闭灵活、排水通畅、无渗漏。

（10）连接地漏的排水管道接口应严密不漏，其固定支架、管卡等支撑位置应正确、牢固，与管道的接触应平整。

（11）洁具、排水管、配件等与墙、地面砖居中、对缝，周边打胶光滑密实；成排洁具安装应排整齐，高度一致，间距均匀。

（12）为了卫生间地面整体装饰的美观，将地漏隐藏于地面装饰砖下方，通过地漏上

方可移动的地砖与其他砖之间的缝隙排水，隐形地漏的宽度应与地面砖模数相协调。

6. 实例或示意图

示意图见图 8.5-17、图 8.5-18。

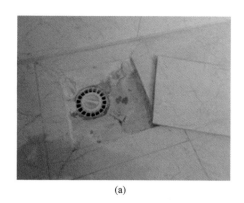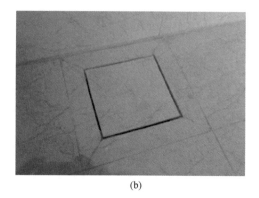

(a)　　　　　　　　　　　　　　(b)

8.5-17　隐形地漏示意图

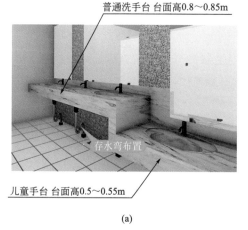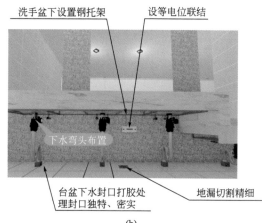

(a)　　　　　　　　　　　　　　(b)

图 8.5-18　台面及洗手盆安装示意图

8.5.9　五金件安装

1. 适用范围

适用于各类型工程的卫生间。

2. 施工准备

（1）五金配件须与洁具配套，同一厂家同批次进出，且验收合格。

（2）洁具已安装完成。

3. 质量要求、质量通病及预防措施

1）质量要求

（1）五金配件必须符合规范及设计要求，并有产品出厂合格证。

（2）五金配件的安装高度及位置应符合设计及规范要求。

（3）冷热水出水口为：左边为热水，右边为冷水。冷热水嘴安装完成后保证水嘴出水口畅通无阻。

（4）淋浴间冷热水管道安装按照先干管后立管再支管的顺序逐步施工，待管道安装完成后进行试压、管道冲洗、管道防腐和保温。

（5）冷热水管道中心出口高度距地面为100cm，出水口完成面比毛坯墙高出1.5cm，完成后与装饰面齐平，冷水龙头与热水龙头的距离为中对中15cm。

（6）浴巾架安装需固定牢固，高度如无设计要求时安装高度宜为0.9～1.4m，装饰盖需紧贴装饰面瓷砖，安装需水平，无明显高低。

（7）花洒安装需固定牢固无晃动，花洒头安装高度如无设计要求时，一般高度为距地面1.8m，出水均匀畅通。

2）质量通病及预防措施

（1）角阀冲洗管漏水或不正。

预防措施：角阀出水杆上压盖处必须垫上完好的胶圈并拧紧，对给水管道甩头位置和标高的复核度量准确。

（2）冲洗管等五金件安装接口处渗漏。

预防措施：水箱与坐便器中心线应一致，确保冲洗管正、竖直；锁紧螺母、压盖处胶圈拧紧前进行检查，确保胶圈无损坏。拧牢压盖，力度适中。

4. 工艺流程

五金配件安装定位→五金配件安装与稳固→五金配件检查验收

5. 精品要点

（1）五金件安装位置正确，对称、牢固，横平竖直无变形，镀膜无损伤、无污染，护口遮盖严密、与墙面无缝隙，外露螺栓整体美观。

（2）浴巾架及花洒水嘴需紧贴装饰面、无缝隙，安装牢固、无晃动。

（3）成排成线，间距合理，与装饰面衔接严密平顺。

（4）洗脸盆水嘴与台盆安装固定牢固，无晃动，水嘴出水畅通。

（5）角阀装饰盖与墙面贴合严密，阀门选择正确、启闭灵活。

6. 实例或示意图

实例或示意图见图8.5-19～图8.5-21。

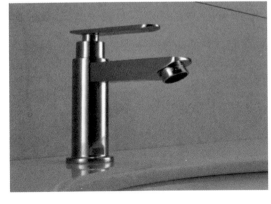

图8.5-19 洗脸盆水嘴安装牢固

图8.5-20 水龙头接口装饰盖与墙面结合紧密

图 8.5-21　角阀装饰盖与墙面结合紧密

8.5.10　等电位联结

1. 适用范围

适用于各类型工程的卫生间。

2. 施工准备

（1）等电位盒预埋完成。

（2）卫生间墙砖深化设计已完成，电气点位定位已明确。

（3）等电位线、线卡选型完成，材料进场。

（4）卫生间墙砖等装饰层施工完成，电气点位开孔完成。

3. 质量要求、质量通病及预防措施

1）质量要求

（1）按照设计位置，在土建结构中使用符合设计规范要求的材料（圆钢或扁钢）预留至等电位接地干线联结点，并预留等电位接地端子箱的安装位置。

（2）接地材料（圆钢或扁钢）与接地网焊接时，焊缝必须符合国家规范的要求。扁钢与圆钢搭接长度为圆钢直径的 6 倍，双面焊接；扁钢与扁钢搭接长度为扁钢宽度的 2 倍，三面焊接。焊缝应饱满、无夹渣、无咬肉、无焊瘤。

（3）卫生间内可导电的金属部分需与等电位可靠联结。

（4）等电位的联结范围、部位、联结导体的材料必须符合规范及设计要求。

（5）导线与金属管道连接处应采用专用卡箍连接，导线与铜排连接处应采用螺栓联结，联结紧固无松动，其螺栓、螺母、垫圈为热镀锌产品。

（6）等电位联结安装完成后应进行导通性测试，等电位与卫生间内金属体之间的直流过度电阻值不应大于 3Ω。

2）质量通病及预防措施

（1）等电位线盒内接地铜牌预留点不足，铜排规格不符合要求。

预防措施：在等电位安装前复核卫生间需预留接地点，确保铜排预留接地点满足使用要求，并复测铜排规格满足接地截面要求。

（2）等电位安装定位不居中，造成墙砖排布后面板安装定位偏移，无法调整。

预防措施：必须在等电位预留扁钢阶段，考虑墙体拼缝、扁钢甩出位置居排砖中央，等电位盒安装完成后复测与排砖尺寸，保证标高及左右距离符合要求。

4. 工艺流程

主体结构预留预埋→等电位端子箱安装→等电位系统联结→导通性测试

5. 精品要点

（1）当等电位盒与联结导体暗敷时应采用焊接，焊接长度符合要求，焊缝饱满，严禁采用螺栓联结。

（2）卫生间内带金属物件安装完成后，如无特殊要求，均应采用 BVR1×2.5mm² 导线与等电位盒内的铜排单独连接，螺栓压接处需加设弹簧垫和平垫片，并压接牢固。

（3）等电位盒箱盖需紧贴装饰面、安装牢固。

（4）联结等电位的金属管道需粘贴接地标识。

（5）当卫生间设有电气设备（含电源插座）时，此区域内电源 PE 线应与 LEB 端子箱连接。

6. 实例或示意图

实例或示意图见图 8.5-22、图 8.5-23。

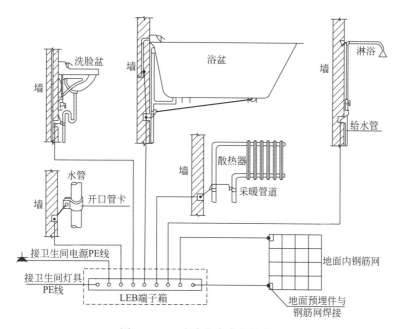

图 8.5-22　洗脸盆水嘴安装牢固

图 8.5-23　水龙头接口装饰盖与墙面结合紧密

185

8.5.11 无障碍卫生间

1. 适用范围

适用于有无障碍设计的卫生间。

2. 施工准备

（1）墙面抹灰及有防水要求墙面的防水层、保护层施工完毕并验收合格。

（2）安装好门窗框扇，隐蔽部位的防腐、填嵌必须处理好，并用水泥砂浆将门窗框、洞口缝隙塞严实。门窗框边缝塞堵密实，并粘贴保护膜。

（3）设备安装的预埋件提前安装好，位置正确。

（4）统一弹出墙面上的+500mm水平线，施工前预先BIM排布，确认无障碍卫生间范围满足要求。

（5）管、线、盒等安装完并验收合格。

（6）根据施工条件，应合理选用适当机具设备和辅助用具。

3. 质量要求、质量通病及预防措施

1）质量要求

（1）无障碍卫生间施工应符合下列规定：

① 女卫生间的无障碍设施包括至少1个无障碍厕位和1个无障碍洗手盆，男卫生间的无障碍设施包括至少1个无障碍厕位、1个无障碍小便器和1个无障碍洗手盆；

② 卫生间的入口和通道应方便乘轮椅者进入和进行回转，回转直径不小于1.50m；

③ 门应方便开启，通行净宽度不应小于800mm。

（2）无障碍卫生间厕位尺寸、门应符合下列规定：

① 无障碍厕位应方便乘轮椅者到达和进出，尺寸宜做到2.00m×1.50m，不应小于1.80m×1.00m；

② 无障碍厕位的门宜向外开启，如向内开启，需在开启后厕位内留有直径不小于1.50m的轮椅回转空间，门的通行净宽不应小于800mm，平开门外侧应设高900mm的横扶把手，在关闭的门扇里侧应设高900mm的关门拉手，并应采用门外可紧急开启的插销。

（3）无障碍卫生间内部设施应符合下列规定：

① 内部应设坐便器、洗手盆、多功能台、挂衣钩和呼叫按钮；

② 多功能台长度不宜小于700mm，宽度不宜小于400mm，高度宜为600mm；

③ 挂衣钩距地高度不应大于1.20m；

④ 在坐便器旁的墙面上应设高400～500mm的救助呼叫按钮；

⑤ 厕位内应设坐便器，厕位两侧距地面700mm处应设长度不小于700mm的水平安全抓杆，另一侧应设高1.40m的垂直安全抓杆；

⑥ 无障碍小便器下口距地面高度不应大于400mm，小便器两侧应在离墙面250mm处，设高度为1.20m的垂直安全抓杆，并在离墙面550mm处，设高度为900mm的水平安全抓杆，与垂直安全抓杆连接；

⑦ 无障碍洗手盆的水嘴中心距侧墙应大于550mm，其底部应留出宽750mm、高650mm、深450mm供乘轮椅者膝部和足尖部的移动空间，并在洗手盆上方安装镜子，出水龙头宜采用杠杆式水龙头或感应式自动出水方式；

⑧ 安全抓杆应安装牢固，直径应为 30～40mm，内侧距墙不应小于 40mm；

⑨ 取纸器应设在坐便器的侧前方，高度为 400～500mm。

2）质量通病及预防措施

（1）质量通病：无障碍卫生间地面积水。

预防措施：提前放线排砖，按要求控制好地砖铺贴时泛水坡度处理，在抹灰和标筋时找出泛水坡度。地漏安装时按 500mm 线控制地漏安装高度。

（2）质量通病：无障碍厕位内轮椅的回转空间不足。

预防措施：提前进行 BIM 预排布确定轮椅等使用空间，方便乘轮椅者进行垂直或斜向通行，充分考虑隔断板间距及厕门开口尺寸，保证净间距满足要求。

4. 工艺流程

无障碍设施预留预埋→无障碍设施安装→无障碍标识

5. 精品要点

（1）无障碍设施各项质量标准应符合设计及规范要求，设施完备、设置合理、使用便捷，且功能性完善。

（2）无障碍卫生间地面应防滑、不积水。

（3）无障碍设施应设置无障碍标识，标识规范齐全、清晰明显。

6. 实例或示意图

实例图见图 8.5-24。

图 8.5-24 无障碍卫生间安全抓杆及救助呼叫按钮